AF314038

V 63.
2.

1468

TRAITÉ DE MECHANIQVE.

DES POIDS SOVSTENVS PAR DES PVISSANCES SVR LES PLANS INCLINEZ A L'HORIZON.

DES PVISSANCES QVI SOVSTIENNENT vn poids suspendu à deux chordes.

Par G. Pers. de Roberual, Professeur Royal és Mathematiques au College de Maistre Geruais, & en la Chaire de Ramus au College Royal de France.

A PARIS,

Par RICHARD CHARLEMAGNE, ruë des Amandiers, à la Verité Royalle.

M. DC. XXXVI.

A MONSIEVR

MONSIEVR DE MONTHOLON,

CONSEILLER DV ROY EN SA COVR

DE PARLEMENT DE PARIS.

MONSIEVR,

Qvand, vous preſentant ce petit Traité de Mechanique, ie n'aurois eu autre deſſein que de vous offrir vn ſacrifice des premiers fruicts de mon eſprit, en recognoiſſance de l'affection que vous auez touſiours euë pour mon bien, & de laquelle i'ay reſſenty les effets en toutes les occaſions où i'ay eu beſoin de voſtre aſſiſtance; mon intention auroit eſté authoriſee de l'exemple commun de la plus grande partie des hommes, qui ne rendent des deuoirs qu'en conſideration des biens-faits qu'ils ont receus, ou qu'ils ont eſperance de receuoir. Et quoy que telles actions ſoient loüables & vtiles, en ce qu'elles ſont des teſmoins aſſeurez d'vne ame qui ne veut pas eſtre ingrate; & qu'elles ſeruent à entretenir la ſocieté humaine, de laquelle les principaux liens ſont le reſpect & l'honneur que nous rendons à ceux qui nous ont liberalement aſſiſtez en nos neceſſitez: neantmoins, Monſieur, ie puis vous dire auec verité, que cette conſideration, quoy qu'aſſez puiſſante, n'eſt point celle qui m'a porté principalement à vous dedier cet œuure. I'ay creu, Monſieur, & il eſt tres-vray, qu'il vous appartient, & que i'aurois mauuaiſe grace, de vouloir acquiter les obligations que ie vous ay, en vous offrant pour payement voſtre bien propre, puis qu'il a pris naiſſance chez vous; que vous auez contribué voſtre ſoin & diligence à le cultiuer; & qu'il emprunte ſon principal ornement de la parfaite cognoiſſance que vous auez du ſujet dont il traite. C'eſt pourquoy ie vous le preſente comme vn enfant de noble extraction, auquel apres auoir declaré que ie n'eſtois que ſon nouricier, & l'ayant inſtruict du lieu de ſa naiſſance, ie l'ay reconduit chez ſes parens, afin qu'eſtant recogneu par eux, & ſçachant ſon origine, il peuſt auec plus d'aſſeurance paroiſtre au monde. Et comme les preſens que nous offrons à Dieu luy ſont touſiours agreables, en ſorte que, quoy qu'il cognoiſſe qu'ils ne ſont qu'vne bien petite partie de ce qui luy appartient entierement, neantmoins il comble encore de benedictions, d'amour, & de graces, ceux qui de bon cœur luy en font l'offrande: ainſi, Monſieur, i'eſpere qu'en receuant ce qui eſt voſtre, vous honorerez encore de voſtre bonne volonté celuy qui, auec ſubmiſſion, vous le preſente, en qualité de

Voſtre tres-humble & tres-obeiſſant ſeruiteur
G. P. de Roberual.

Aduertissement necessaire au Lecteur.

'Avtant que toutes les cognoissances que nous posons pour principes d'vne demonstration, doiuent estre tellement claires, qu'apres l'intelligence des termes par lesquels nous les exprimons, la verité d'icelles paroisse toute nuë à l'entendement : & qu'outre les axiomes ordinaires de la Mechanique, nous en auons posez encores quelques autres pour la demonstration de ce petit Traité; partie desquels, les Autheurs vsurpent tacitement, tels que sont nostre premier, second & troisiesme, qui sont receus de tout le monde, sans estre posez expressément par aucun Autheur de ceux qui sont tombez entre nos mains : & les autres, comme nostre quatriesme & cinquiesme, s'ils se trouuent en vsage, c'est auec vne estenduë beaucoup moindre que celle que nous leur donnons. C'est pourquoy il a esté necessaire de les expliquer fort au long, afin de faire entendre nostre sens, ne doutans point qu'ils ne se trouuent vrais selon la commune cognoissance ; puis qu'ils ont paru tels par plusieurs fois en vne tres-celebre assemblee de gens qui, en cette science, ne cedent à aucun de ceux qui ont esté iusques à maintenant. Toutefois sur le sujet du quatriesme axiome nous auons remarqué, apres l'impression, quelques mots qui pourroient estre pris autrement que nous ne les entendons, & partant causer quelque difficulté, laquelle nous nous efforcerons icy de leuer entierement. En premier lieu, lors qu'en la figure de la quatriesme page nous representons le long des bras de la balance des chordes marquees par des lignes de points ; nous entendons que ces chordes soient contiguës & comme vnies aux mesmes bras, sur lesquels toutefois elles puissent couler librement : ce qui doit estre entendu de mesme en toutes les autres figures. Dauantage en la mesme figure, la ligne ferme F G, de laquelle il est parlé en la cinquiesme, page ligne 24. & suiuantes, doit aussi estre contiguë, & comme vnie au bras B C, sur lequel, toutefois, elle puisse glisser librement, si elle n'est arrestee. La mesme ligne F G doit estre consideree sans poids, afin de ne pas charger la balance. Et quand nous disons que cette ligne F G soit appuyee perpendiculairement contre la superficie ferme H G; nous n'entendons pas qu'elle soit attachee à la mesme superficie, comme vne cheuille ; mais seulement posee contre icelle par le bout G, afin qu'elle ne puisse reculer vers G estant tiree par la chorde C F, par la force de la puissance D. La mesme chose se doit entendre en la page 6. & autres.

Au reste les fautes plus remarquables qui sont suruenuës en l'impression, sont en la feuille cy-apres, lesquelles il faut corriger diligemment auant que de lire le Traité, lequel n'est qu'vn eschantillon d'vn plus grand œuure de Mechanique qui ne peut pas si tost paroistre au iour.

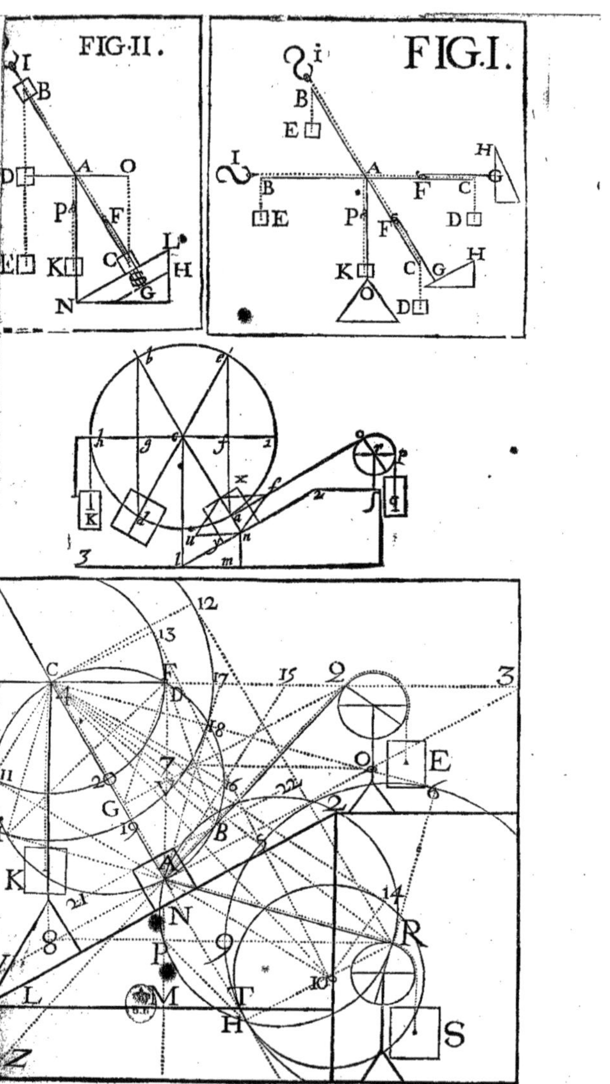

FIG·II.
FIG·I.

Pag. 2. Axiome 3. les lettres des commencemens des 24. 25. 26. & 28. lignes du mesme Axiome sont transposees, & en lieu de xosees il faut posees. En lieu de vrtremitez, il faut extremitez. Pour em des, il faut sur des. Et pour dsent, il faut ment.

Pag. 5. ligne 26. en lieu de parallele au bras A C, il faut parallele, ou, pour mieux dire, contiguë au bras A C.

Pag. 6. ligne 37. en lieu de C S, il faut G S.

Pag. 8. ligne 27. pour par le Scholie du 3. Axio. il faut par les Sch. des 3. & 4. Axiomes.

Pag. 12. ligne 8. sur la fin, en lieu de L M, il faut L N.

Pag. 23. ligne 14. en lieu de C A est à C F, il faut comme C A est à A F.

Pag. 25. ligne 46. en lieu de Q V ; & le mesme poids A, il faut Q A ; & le mesme poids V.

Pag. 28. ligne 2. en lieu de C, Q, il faut C, O.

Pag. 36. ligne 1. en lieu de Q C & Q V, il faut C V & Q V.

Pag. 36. ligne 11. du 9. Scholie, en lieu du 3. Axiome, il faut 4. Axiome.

Il y a quelques fautes d'orthographe, que le Lecteur corrigera, s'il luy plaist.

TRAITE' DE MECHANIQVE,

DES POIDS SOVSTENVS PAR DES
puissances sur les plans inclinez à l'Horizon.

Des puissances qui soustiennent vn poids suspendu à deux chordes.

Par G. Pers. de Roberual Professeur Royal és Mathematiques, au College de
Maistre Geruais, & en la Chaire de Ramus au College
Royal de France.

OVR les demonstrations de ce Traicté, nous supposons la cognoissance des definitions, & principes de la Mechanique, comme ils sont dans Archimede, Guid-Vbalde, Luc Valere, & dans les autres Auteurs : ausquels nous adiousterons ce qui suit par forme d'explication, & pour plus grande intelligence.

DEFINITION.

La ligne de direction d'vn poids, ou d'vne puissance, est vne ligne droite menee du centre de pesanteur du poids, ou du centre de la puissance, vers le lieu auquel le poids, ou la puissance aspire, soit en tirant, en poussant, ou en resistant, soit en mouuant librement, soit en coulant, & en glissant. Ainsi la ligne de direction d'vn poids pesant librement, est celle qui est menee depuis le centre de pesanteur du mesme poids, iusques au centre naturel des choses pesantes, lequel aux choses terrestres est le centre de la terre. Mais aux poids qui glissent sur des superficies, & aux puissances qui peuuent estre dirigees vers toutes les parties de l'Vniuers, les lignes de direction peuuent aussi estre dirigees de mesme : comme il arriue aux boulets de canon, & autres corps iettez par violence, aux oyseaux qui volent, aux animaux qui tirent, ou poussent auec, ou sans instrumens, & autres agents pareils, desquels, pour cette raison, les lignes de direction peuuent auoir vne infinité de positions, qui ne peuuent estre determinées, sinon pour chacun en particulier.

AXIOME I.

Quand vne puissance, ou vn poids pousse contre vne superficie opposee perpendiculairement à la ligne de direction du mesme poids, ou de la puissance, la superficie, estant assez ferme, resistera entierement à la puissance ou au poids, qui ne pourra eschapper, couler ou glisser sur la superficie. Mais si la puissance, ou le poids pousse contre vne superficie opposee obliquement à la ligne de direction du mesme poids, ou de la puissance, alors la puissance, ou le poids glissera sur la superficie, coulant du costé où seront les angles obtus. Et quand vne puissance, ou vn poids coule & glisse sur vne superficie, s'il se rencontre vne autre superficie opposee perpendiculairement à la ligne

de direction du coulement & gliffement, cette fuperficie empefchera la puiffance, ou le poids de couler & glifler dauantage, & l'arreftera entierement,
pourueu qu'elle foit affez ferme.

AXIOME II.

Il faut autant de force ou de puiffance pour pouffer, que pour tirer, refifter,
arrefter, appuyer, fouftenir, & pour retenir : pourueu que ce foit par les
mefmes diftances, & par les mefmes lignes de direction. Comme fi pour tirer
vn poids fur vn plan incliné à l'horizon, il faut vne puiffance de 1000. liures,
il en faudra vne pareille pour pouffer le mefme poids fur le mefme plan. Et fi
en la premiere figure fuiuante pour retenir le poids E fufpendu librement
par la ligne B E, il faut vne puiffance de 10. liures, il faudra vne puiffance
pareille pour fouftenir le mefme poids E par deffous. Et fi vne puiffance de
10000 liures pouffe perpendiculairement contre la fuperficie d'vne muraille,
le, & que la muraille refifte à la puiffance, ce fera auec 10000 liures de refiftance ; que fi la muraille à moins de refiftance que 10000. liures, elle fera renu-
erfée.

AXIOME III.

En quelque lieu que l'on mette vne mefme puiffance dans fa ligne de direction, elle tirera ou pouffera efgalement. Il en fera de mefme d'vn poids.
Comme en la feconde figure des deux fuiuantes, foit que la puiffance penduë au point B fur le bras A B, foit en B mefme, ou en D, ou en E, eftant fa
ligne de direction B D E, & la puiffance toufiours pareille, elle tirera toufiours
de mefme fur la balance B C. Quelques-vns doutent, non fans raifon, fi vn
mefme corps pefant peferoit de mefme eftant plus proche, ou plus efloigné
du centre de la terre, qu'eftant icy en fa fuperficie. Mais quand il peferoit in-
efgalement, rien ne feroit contre cet Axiome, auquel il eft queftion d'vn
mefme poids, & non pas d'vn mefme corps pefant. Et fi vn mefme corps pefe
plus en quelque lieu qu'en vn autre, en cette occafion il reprefente des poids
differents. Il en eft de mefme quand la puiffance de quelque agent, comme
d'vn boulet de canon, s'alentit en diuers endroits de fa ligne de direction : car
alors quoy que ce foit vn mefme agent, ce n'eft plus vne mefme puiffance.

Suppofant donc que la balance B C foit en equilibre, en la feconde figure,
fi en lieu du bras A B on fubftituë le bras A D ; la balance D A C, de laquelle
les bras font A D & A C inclinez l'vn à l'autre felon l'angle D A C, demeurera de mefme en equilibre, pourueu que la puiffance qui eftoit penduë en B
foit pofée en D, ou penduë au mefme point D par la chorde D E. On peut de
mefme en lieu du bras A C fubftituer le bras A O, fuppofant que la ligne de
direction du poids, ou de la puiffance C, foit C O. Et ainfi on pourra fubftituer tel autre bras que l'on voudra qui aille du centre A iufques aux lignes de
direction B E ou C O prolongées ou non. Et foit que les puiffances foient
xofées fur les extremitez des bras ; foit qu'elles foient penduës aux mefmes
urtremitez par des chordes ; ou quelles foient pofées au deffus des extremitez
em des lignes fermes ; pourueu qu'elles tirent, ou pouffent toufiours par les
mefmes lignes de direction, elles tireront, ou pousferont toufiours efgale-
dfent, & feront equilibre de mefme qu'auparauant.

SCHOLIE.

De ce troifiefme Axiome on peut facilement demonftrer qu'en la balance inclinée, quand les bras font efgaux, les poids efgaux, ou les puiffances efgales, & les lignes de direction des puiffances, ou des poids, paralleles entre elles; il y aura toufiours equilibre, de mefmes que fi la balance eftoit horizontale. Car en la feconde figure des deux fuiuantes, foit vne balance inclinée B C, de laquelle le centre foit A, les bras efgaux A B, A C, & des puiffances efgales pofées par leurs centres aux extremitez des bras B, C, ou penduës aux mefmes extremitez par leurs lignes de direction, defquelles lignes l'vne foit B E, l'autre O C prolongée vers C, s'il en eft befoin; & que ces lignes B E & O C foient paralleles entre elles. Soit auffi la ligne D A O perpendiculaire aux deux lignes de direction, laquelle D A O reprefente vne balance horizontale, de laquelle les bras A D, & A O feront efgaux dans les triangles A B D, A C O, par la 26. Propofition du 1. d'Euclide. Puis donc que par le troifiefme Axiome la puiffance B, ou vne autre penduë au point B fur le bras B A, pefe comme fi elle eftoit penduë au point D fur le bras A D: & la puiffance C, ou vne autre penduë au point C fur le bras A C, pefe comme fi elle eftoit penduë au point O fur le bras A O: & que les puiffances B, C font efgales, & les bras ou diftances A D, & A O auffi efgales; les puiffances B, C contre-peferont & feront en equilibre, par le premier Axiome des Mechaniques d'Archimede. Il en fera de mefme fi B, C font des poids efgaux; pourueu que leurs lignes de direction foient paralleles entre elles, ce qui n'arriue pas aux poids qui pefent librement, defquels les lignes de direction font inclinées vers le centre de la terre: & pour cette raifon on peut demonftrer qu'en la balance inclinée ayant les bras efgaux, & les poids efgaux, le bras qui eft panché emporte l'autre tant que la balance foit perpendiculaire à l'horizon: ce que l'on trouuera demonftré en noftre Mechanique.

AXIOME IV.

Des poids efgaux, & des puiffances efgales tirant, ou pouffant par des diftances efgales, tireront, ou poufferont efgalement: pourueu que les lignes de direction des poids & des puiffances foient femblablement inclinées (c'eft à dire qu'elles facent des angles efgaux) auec les diftances par lefquelles tirent, ou pouffent les poids & les puiffances. Et cecy eft vray, foit que les poids tirent l'vn contre l'autre, ou les puiffances l'vne contre l'autre, ou les poids contre les puiffances. Comme en la troifiefme figure, qui eft en la Propofition fuiuante, fi la puiffance ou le poids K tire fur la diftance C H par la ligne de direction H K; & qu'vne autre puiffance efgale à K tire, ou pouffe fur la diftance C A par la ligne de direction A O; les diftances C H & C A eftant efgales, aufquelles les lignes de direction H K & A O font femblablement inclinées, fçauoir perpendiculairement, les poids efgaux, ou les puiffances efgales, tireront, ou poufferont efgalement. De mefme fi fur les diftances efgales C A & C D tirent des puiffances efgales, ou des poids efgaux, par les lignes de direction A F & D G, faifant les angles efgaux C A F, C D G, ils tireront efgalement.

SCHOLIE.

D'autant que la demonſtration de la Propoſition ſuiuante depent principalement de ce troiſieſme Axiome, & que ceux qui n'ont accouſtumé de le
conſiderer qu'en la balance parallele à l'horizon, ayant les bras eſgaux, aux
extremitez deſquels ſont attachez ou pendus des poids eſgaux, peſans librement & ſans contrainte; pourroient faire quelque difficulté ſur le moyen par
lequel nous l'appliquons à noſtre demonſtration; nous auons iugé qu'il ſeroit à propos de l'expliquer plus au long, eſtant aſſeurez qu'il n'y aura per-
ſonne qui apres l'auoir bien entendu, ne confeſſe qu'il eſt entierement vray
ſelon la commune cognoiſſance, ce qui eſt requis à toute verité que l'on poſe
pour principe d'vne demonſtration.

Soit donc premierement vne balance horizontale BC, de laquelle le centre
ſoit A, & les bras eſgaux A B, & A C: & ſur le bras A B au point B ſoit attachée la ligne B E, à laquelle pende la puiſſance E. Plus ſur le bras A C ſoit vne

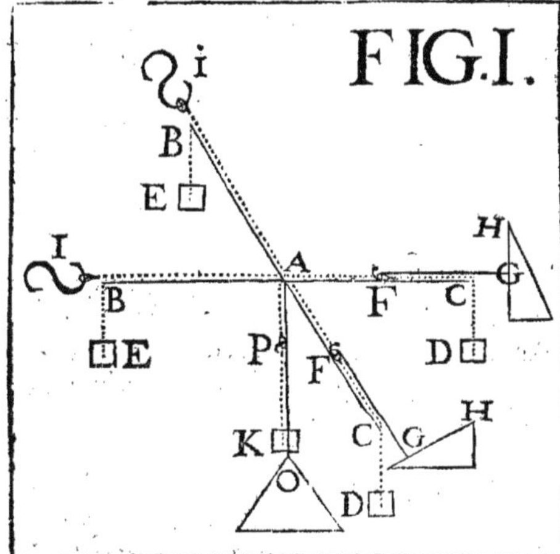

autre ligne AC repreſentant
vne chorde parfaitement
flexible & ſans poids, laquelle ſoit recourbée par deſſus
l'extremité C, puis pende librement iuſques en D, au-
quel lieu elle ſouſtienne la
puiſſance D. Soit auſſi la meſme chorde C A recourbée
par deſſus le centre A, auquel lieu pendant libremét,
elle ſouſtienne la puiſſance
K capable de reſiſter à la
puiſſance D, & d'empeſcher
qu'en tirant elle n'emporte
la chorde A C, la faiſant couler & gliſſer par deſſus le bras

A C. Par ce moyen les deux puiſſances K, D ne pourront, en tirant l'vne contre l'autre, faire couler la chorde AC de part ny d'autre du bras A C. Il eſt donc
clair par la commune cognoiſſance, que les bras A B & A C eſtant eſgaux, ſi
les puiſſances E, D ſont eſgales, & les lignes de direction B E, & C D paralleles, la balance B C demeurera en equilibre. Car la puiſſance K penduë au
centre A, n'adiouſte rien au mouuement de la balance, mais ſeulement ſert
d'arreſt pour empeſcher que la puiſſance D n'emporte ſa chorde D C A; &
fait que la puiſſance D par ce moyen eſt contrainéte de peſer ſur le bras A C,
& faire equilibre auec la puiſſance E ſur le bras A B. Autrement ſi la puiſſance
K laſchoit la chorde K A C D, la puiſſance D emporteroit la meſme chorde,
la faiſant couler par deſſus le bras A C, & en meſme temps la puiſſance D ne
peſant plus ſur le bras A C, la puiſſance E emporteroit la balance : mais la
puiſſance D eſtant retenuë ſur le bras A C par la puiſſance K, elle fera equilibre, & contre-peſera à deux autres, ſçauoir à la puiſſance K, qui l'empeſche
d'emporter la chorde; & à la puiſſance E, qui l'empeſche d'emporter la ba-

ſance. Et quand E ✝ D ſeroient des poids diſpoſez, & proportionnez comme les puiſſances, ſuiuroit le meſme effet : mais nous nous ſommes ſer-
uis des puiſſances, quelles auſſi nous nous ſeruirons par tout cy-apres,
pour eſtre plus gen s, & plus propres à noſtre deſſein, parquoy ce que
nous dirons d'elles ſo uſſi entendu des poids.

Or en quelque point de la chorde A C que l'on mette en lieu de la puiſſance
K vne autre puiſſance, qui retienne la meſme chorde qu'elle ne ſoit emportée
par la puiſſance D, cette puiſſance fera le meſme effet que la puiſſance K : cóme
ſi la puiſſance eſt poſée en A, tenant la chorde : ou ſi la chorde C A eſtant
prolongée directement vers A iuſques en I, meſme au delà de la balance, vne
puiſſance la retient par le point I, ou par tel autre point que l'on voudra, elle
fera la meſme choſe que la puiſſance K, par le ſecond Axiome : puis que c'eſt
la meſme ligne de direction A C par laquelle la puiſſance K, ou I retient la
chorde A C. Ce ſera la meſme choſe ſi la puiſſance retient la chorde A C entre les points A, C, comme par le point F, par le meſme ſecond Axiome.

Que ſi en lieu de puiſſance, pour retenir la chorde A C, on ſe ſert d'vn arreſt
auquel la meſme chorde ſoit attachée, l'arreſt fera la meſme choſe que la puiſſance, par le ſecond Axiome. Pour exemple ſi au pilier A O, qui ſouſtient la
balance, eſt attaché l'arreſt P, auquel ſoit liée la chorde C A P ; ou ſi la meſme
chorde eſt arreſtée au centre A, ou ſi eſtant prolongée, elle eſt arreſtée au
point I, ou ſi elle eſt liée au point F ; ſoit que l'arreſt tienne à la balance, ou
non, l'arreſt fera, en etenant la chorde, & l'arreſtant, ce que la puiſſance K
faiſoit auparauant en peſant & tirant par la meſme chorde, & la balance demeurera en equilibre, comme elle eſtoit. Poſons meſmes que l'arreſt F, auquel la chorde C F eſt liée, ne tienne pas à la balance, mais à vne ligne droite, comme F G, parallele au bras A C, laquelle ligne F G ſoit ferme, & ne
puiſſe plier, & qu'elle ſoit retenuë au point G par vne puiſſance qui l'appuye,
& l'empeſche, en l'arreſtant, de reculer, & eſtre emportée vers G par la force
de la puiſſance D tirant par la ligne D C F, cette ligne F G eſtant ainſi appuyée
& arreſtée par la puiſſance G, retiendra la chorde au point F, de meſme qu'-
elle ſeroit retenuë par la puiſſance K tirant par la chorde K A F, par le ſecond
Axiome ; puis que c'eſt la meſme choſe de tirer, que de pouſſer, arreſter, &
reſiſter par vne meſme ligne de direction C F A. Et quand la ligne ferme F G
ne ſeroit pas arreſtée par vne puiſſance au point G, mais qu'elle ſeroit appuyée
perpendiculairement cohtre vne ſuperficie ferme, comme G H, ſur laquelle,
par conſequent, elle ne peut gliſſer ; cette ſuperficie H G fera le meſme effet
en reſiſtant à la ligne F G, que faiſoit la puiſſance en G, & partant le meſme
que la puiſſance K par le ſecond Axiome, & par ce que nous en auons deduit
cy-deſſus. Ainſi la chorde D C retenuë par la ligne G F, ſera touſiours empeſ-
chée de gliſſer & couler ſur le bras A C, & la balance ſera maintenuë en equilibre : & ce pendant la puiſſance D tirant par la chorde D C F, fera le meſme
effort contre l'arreſt F, & contre la ligne F G, & partant contre la ſuperficie
G H, qu'elle faiſoit auparauant tirant par la ligne D C A K, contre la puiſſance K ; ce qui eſt clair par le ſecond Axiome.

Maintenant que la balance B C, qui auparauant eſtoit horizontale, ſoit inclinée comme on voudra, le bras A C eſtant baiſſé, & les meſmes puiſſances
E, D demeurantes librement penduës par les lignes C D & B C, que nous ſuppoſons eſtre paralleles : & que pour empeſcher que la chorde A C D ne gliſ-

se & coule par dessus le bras A C, elle soit retenuë par la puissance K suffisante
pour ce faire ; ou que la mesme chorde soit retenuë par l'arrest P, ou liée en
A, ou en I, ou en F, ou qu'elle soit attachée par la ligne ferme F G arrestée
par vne puissance en G, ou appuyée perpendiculairement contre vne superficie ferme, comme G H, sur laquelle elle ne puisse glisser, le tout comme auparauant en la balance horizontale ; il est clair que la puissance E fera encore
equilibre contre la puissance D, car l'inclination de la balance ne peut appor-
ter aucun changement à l'equilibre, les autres choses estant disposées de
mesme, par le Scholie du troisiesme Axiome.

Et quand la puissance D en lieu d'estre penduë par la ligne C D, seroit posée sur le bout de la balance C B, ayant son centre de pesanteur au point C, elle pesera de mesme sur le bras A C, qu'estant penduë, & fera equilibre auec
la puissance E penduë à la ligne B E, ou bien attachée par son centre de pesanteur à l'extremité B, pourueu que les lignes de direction C D, & B E demeurent tousiours les mesmes, ce que nous supposons.

Considerons donc la balance inclinée B C toute seule ayant les bras esgaux

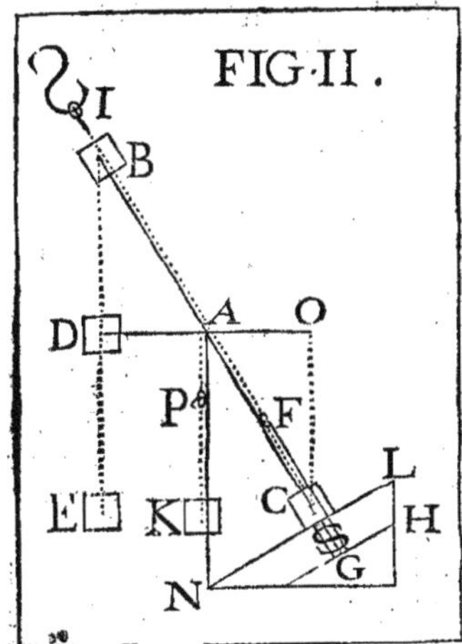

A B, A C ; & soit la puissance E pendante
comme auparauant sur le bras A B, ou
bien attachée par son centre de pesanteur
à l'extremité B, car il n'importe en laquelle des deux manieres elle pese sur le bras A
B. Et sur le bras A C soit posée la puissance C ayant son centre de pesanteur à l'extremité C, laquelle puissance C soit esgale à la puissance E, & soit retenuë qu'elle
ne glisse sur le bras A C par quelqu'vn des
moyens cy-deuant dits : il est donc clair,
par les mesmes moyés, que les puissances
C, E, feront equilibre sur la balance B C.
Et soit que la ligne ferme F G appuyée
perpendiculairement contre la superficie
ferme G H, retienne la chorde C F au
point F, & empesche qu'elle ne glisse sur

le bras A C auec la puissance C, comme nous auons dit ; soit que la mesme ligne ferme appuyée encore perpendiculairement contre la superficie G H,
s'estende seulement iusques à la puissance C & la touche au point S : pourueu
que cette ligne G S soit ferme & ne puisse plier, elle appuyera la puissance C,
& l'empeschera de glisser, faisant le mesme effet en luy resistant, que faisoit
la puissance K en la retenant par la chorde K A C, par le second Axiome, &
ce que nous en auons deduit cy-deuant. Ainsi la ligne ferme S G appuyant la
puissance C qu'elle ne glisse sur le bras A C, la balance B C auec ses puissances esgales pesantes aux extremitez B C par des lignes de direction paralleles
entre elles, demeurera en equilibre.

Que si en lieu de la superficie G H on en substituë vne autre qui luy soit parallele, comme N S L touchant la puissance C, cette superficie N S L resistera immediatement à la puissance C, & l'empeschera qu'elle ne glisse sur le
bras A C, faisant le mesme effet que la puissance K, ou que tous les arrests
precedens, sans qu'il soit plus besoin de la ligne ferme S G entre la puissanc

C & la superficie. Car quoy qu'il se puisse faire que selon la figure de la puissance C, qui souuent sera vn corps pesant, la superficie N S L la touche en plusieurs points ; toutefois cette superficie estant parfaitement vnie, comme nous supposons, elle ne resistera pas dauantage à la puissance C, que la ligne A C qui la retiendroit par le centre de pesanteur, ce qui est assez clair par la commune cognoissance des principes.

AXIOME V.

Vne balance qui n'appuye plus sur son centre ne soustient plus rien, & partant en cet estat ne sert plus de rien ; & la puissance, ou l'arrest qui descharge la mesme balance, soustient le faix que la balance soustenoit auparauant. Comme si en la seconde figure du Scholie du quatriesme Axiome, la puissance D pese sur l'extremité du bras A D par la ligne de direction B D E vers E, & qu'vne autre puissance ou vn arrest estant en B tire ou retienne de l'autre part la mesme puissance D, par la mesme ligne de direction, & auec autant de force que la puissance D en peut auoir pesant sur la balance A D : alors la puissance D sera soustenuë par la puissance, ou par l'arrest B, par le second Axiome ; & par la commune cognoissance la mesme puissance D n'appuyera plus sur la balance A D, laquelle balance n'estant plus chargée, n'appuyera plus sur son centre. (car en la pure Mechanique nous considerons la balance comme estant de soy sans poids.) Et quand la mesme balance seroit ostée, la puissance D demeureroit en mesme estat soustenuë par la puissance, ou par l'arrest B, qu'elle estoit auparauant soustenuë par la balance A D. Il en seroit de mesme si D estoit vn poids en lieu d'vne puissance.

Ces choses estant posées, & expliquées de la sorte, nous diuiserons ce petit Traité en trois Propositions, dont la premiere sera : Estant donné vn plan incliné à l'horizon, & l'angle de l'inclination estant cogneu, trouuer vne puissance, laquelle tirant ou poussant par vne ligne de direction parallele au plan incliné, soustienne vn poids donné sur le mesme plan. La seconde : Trouuer le mesme quand la ligne de direction par laquelle la puissance tire ou pousse, n'est pas parallele au plan incliné. Et la troisiesme : Trouuer deux puissances qui puissent soustenir vn poids donné, suspendu à deux chordes données.

PROPOSITION I.

Estant donné vn plan incliné à l'horizon, & l'angle de l'inclination estant cogneu, trouuer vne puissance, laquelle tirant, ou poussant par vne ligne de direction parallele au plan incliné soustienne vn poids donné sur le mesme plan.

SOIT le plan horizontal L M, auquel soit incliné le plan L N 2 faisant l'angle de l'inclination M L N donné : soit aussi donné le poids A duquel le centre de pesanteur soit A, & soit ce poids posé sur le plan incliné : il faut trouuer la puissance capable de retenir le mesme poids A sur le plan incliné L N 2. Du point N, qui est au plan incliné, soit abbaissée N M perpendiculaire au plan horizontal L M : & soit fait que comme la ligne L N est à N M, ainsi le poids donné A soit à vne puissance Q : puis au centre de pesanteur A soit attachée la ligne, ou la chorde A O parallele au plan L N 2, par laquelle

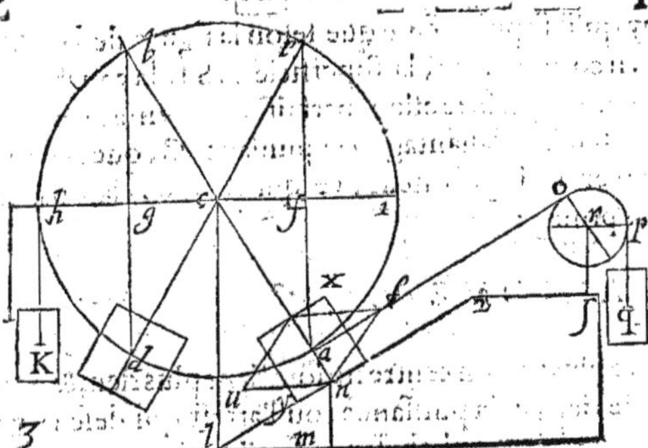

chorde A O la puissance Q tire le poids A de toute sa force, & par tel point que l'on voudra de la ligne ou chorde A O, c'est à sçauoir ou par le point O, ou par dessus la poulie O P de laquelle le centre est R : ou mesmes que la puissance pousse le poids par dessous vers la ligne de direction A O. Ie dis qu'en cet estat la puissance Q retiendra le poids A, & l'empeschera de glisser sur le plan incliné L N 2, & qu'elle le maintiendra en l'estat où il est, sans qu'il monte ny descende sur le mesme plan.

Car du centre de pesanteur A sur le plan incliné soit menée la ligne perpendiculaire A N, laquelle soit prolongée vers A tant que l'on voudra iusques en B, & soit B A N vne balance ayant son centre au point C, en sorte que les bras C A, & C B soient esgaux : soit aussi imaginé le poids A posé sur le bras de la balance C A par son centre de pesanteur A, & soit retenu qu'il ne glisse sur le bras CA, par quelqu'vn des moyens du Scholie du quatriesme Axiomé, comme par le plan L N 2. dauantage sur l'autre bras C B au point B, soit vne puissance esgale au poids A, laquelle puissance soit attachée par son centre de pesanteur au point B, ou bien soit penduë à la chorde B D au point D, & soient les lignes de direction du poids A & de la puissance B ou D, paralleles entre elles : en cette disposition, la puissance Q, ny sa chorde A O n'estant point encore considerées, il est clair, par le Scholie du troisiesme Axiome, que la balance B A demeurera en equilibre, estant soustenuë sur le pilier C L par son centre C. Ainsi le poids A ne pourra glisser sur le bras C A, à cause du plan L N 2 qui luy resiste perpendiculairement : & le mesme poids ne glissera pas aussi sur le plan L N 2, à cause de la balance qui est en équilibre : partant le poids A demeurera en cet estat sans monter ny descendre. Maintenant par le centre C soit imaginée vne balance horizontale H C I, sur laquelle soit menée la ligne perpendiculaire A F, qui est la ligne de direction du poids A & de la puissance B, ou D soit la ligne de direction B D qui rencontre la balance H C I au point G, lors l'angle D G C sera droit, pour ce que l'angle F est droit par construction, & les lignes de direction A F & D G paralleles par supposition : partant la ligne C F sera esgale à la ligne C G. Posons aussi que les balances B A & H I ne puissent changer les angles de decussation qu'elles font entre elles au centre commun C, mais qu'elles demeurent comme si c'estoient les diametres d'vn mesme cercle, en sorte que l'vne ne puisse tourner que l'autre ne tourne de mesme en mesme temps. Or la puissance D ou B tirant sur le bras C B par la ligne de direction B G D, tire de mesme que si elle estoit posée en G sur la distance C G par le troisiesme Axiome.

Soit fait le bras C H esgal au bras C A, & sur le bras C H soit penduë la puissance K par la ligne de direction H K perpendiculaire au bras C H ; laquelle puissance K soit esgale à la puissance Q. D'autant donc que L N est à M N comme le poids A est à la puissance Q, par la construction ; & que L N est à

M N comme C A eſt à C F, à cauſe des triangles ſemblables L N M, A C F,
il y aura meſme raiſon de C A à C F: c'eſt à dire de C H à C F, ou de C H à
G, que du poids A à la puiſſance Q, ou que de la puiſſance D à la puiſſance K
qui leur ſont eſgales par conſtruction; puis donc que comme la diſtance C
H eſt à la diſtance C G, ainſi reciproquement la puiſſance D penduë en G
eſt à la puiſſance K penduë en H, la puiſſance K penduë en H peſera de meſme que la puiſſance D penduë en G, par la 6. & 7. Propoſition du premier
des Mechaniques d'Archimede. Mais la puiſſauce D penduë en G fait le meſme effet que penduë en B, & contrepeſe au poids A ſur le bras C A comme il
a eſté dit; parquoy la puiſſance K ſur la diſtance C H contrepeſe au poids A
ſur le bras C A ainſi comme il eſt, & la meſme puiſſance K ſur ſa diſtance C
H eſtant ſubſtituée en lieu de la puiſſance D penduë ſur la diſtance C B, ou C
G, les balances demeureront en equilibre.

Conſiderons maintenant la puiſſance Q qui tire par la ligne A O ſur le bras
C A. Alors les diſtances C A & C H eſtant eſgales, les lignes de direction A
O & H K perpendiculaires aux meſmes diſtances, & les puiſſances qui tirent,
ſçauoir Q, K eſtant auſſi eſgales, le tout par la conſtruction, les puiſſances Q
& K tireront eſgalement: & puis que la puiſſance K par la diſtance C H main-
tenoit les balances en equilibre, ſi en lieu de la puiſſance K on ſubſtituë la
puiſſance Q tirant ſur la diſtance C A, elle maintiendra de meſme les balances en equilibre, & le poids A demeurera comme auparauant, & la puiſſance
Q en lieu de la puiſſance K l'empeſchera de gliſſer ſur le plan N L. Oſtons
donc toutes les autres puiſſances ſçauoir K, D, ou B; & que la puiſſance Q
demeure ſeule en leur place, tirant par la ligne A O, & retenant le poids A
qu'il ne gliſſe ſur le plan N L comme il a eſté dit. Et puis que la ligne A O eſt
attachée au centre de peſanteur A qui eſt auſſi l'extremité de la balance C A,
il n'eſt plus beſoin de la meſme balance, qui ne ſouſtient plus rien, eſtant
de ſoy ſans poids, & n'appuyant plus ſur ſon centre, par le cinquieſme Axiome. (d'autant que les puiſſances qui eſtoient ſur les bras oppoſez C B, ou C
H ſont oſtées, par leſquelles la balance eſtoit contrainte d'appuyer ſur le
meſme centre C) Partant le poids A repoſe partie ſur le plan L N 2, & partie
ſur la puiſſance Q, laquelle par ce moyen ſouſtient le meſme poids ſur le plan
incliné L N 2.

Or d'autant que l'angle de l'inclination N L M eſt donné par ſuppoſition,
& l'angle M eſt droit, le triangle L N M ſera donné d'eſpece; partant la raiſon de L N à N M eſt donnée; mais L N eſt à N M comme le poids A eſt à la
puiſſance Q par conſtruction; donc la raiſon du poids A à la puiſſance Q ſera
auſſi donnée, & le poids A eſt donné, donc la puiſſance Q ſera donnée, qui
eſt ce que l'on demande.

AVTREMENT.

Le tout eſtant comme auparauant iuſques ou il a eſté dit, que la puiſſance
D peſe comme ſi elle eſtoit poſée au point G ſur le bras C G par le troiſieſme
Axiome: ſoit poſée vne puiſſance en F, eſgale à la puiſſance D; laquelle puiſſance F tire ſur la diſtance C F par la ligne de direction A F E vers E, ſçauoir
au contraire du poids A. Il eſt donc clair, puis que les diſtances C G, C F ſont
eſgales, que la puiſſance F tirant perpendiculairement ſur la diſtance C F, fera le meſme effet que la puiſſance D tirant perpendiculairement ſur la diſtan-

ce C G , par le quatriefme Axiome:mais la puiffance D tirant fur la diftance C
G , tient la balance B A en equilibre, comme il a efté dit, d'autant qu'elle pé-
fe comme fi elle eftoit pofée en B ; partant la puiffance F tirant par la diftance
C F, tiendra de mefme la balance en equilibre. Puis donc que la puiffance F
tire perpendiculairement fur la diftance C F, & que la puiffance Q par la
chorde A O , tire auffi perpendiculairement fur la diftance C A : & qu'en
proportion reciproque il y a mefme raifon de la puiffance F, qui eft efgale au
poids A, à la puiffance Q , que de L N à N M, par conftruction, c'eft à dire de
la diftance C A, par laquelle tire la puiffance Q, à la diftance C F, par laquelle
tire la puiffance F; il s'enfuit que les puiffances F & Q tireront efgalement,
par la fix & feptiefme Propofition du premier des Mechaniques d'Archimede, ou par ce qui s'en peut defduire: partant la puiffance Q tirant par la diftance C A , en lieu de la puiffance F tirant par la diftance C F, tient la balance
en equilibre. Et la chorde A O eftant attachée au centre de pefanteur A, la
balance A B fera defchargée, & n'appuyera plus fur fon centre, par la commune cognoiffance : ainfi elle fera inutile, par le cinquiefme Axiome, & la puiffance Q toute feule fouftiendra le poids A fur le plan incliné L N z , &c.

COROLLAIRE I.

De la Propofition precedente on peut inferer qu'il y aura mefme raifon de
l'hypotenufe L N à la bafe L M, que du poids A à la puiffance qui peut l'em-
pefcher de gliffer le long du bras de la balance C A, & qui par mefme moyen
l'empefchera d'appuyer fur le plan incliné L N z : ce qui fe demonftrera fi on
fe reprefente la diftance C A N comme vn plan incliné: car on fera voir que
la force requife pour fouftenir le poids en cette inclination, doit eftre au mefme poids comme la perpendiculaire F A eft à l'hypotenufe C A; c'eft à dire
comme L M eft à L N , à caufe de la fimilitude des triangles L M N & A F C.
Or la mefme puiffance ne fait autre effect que celuy que faifoit, en la feconde figure du Scholie du quatriefme Axiome, la puiffance K, laquelle tirant par
la chorde A C, empefchoit le poids A de gliffer fur le bras C A, & d'appuyer
fur le plan L N z : ce que l'on recognoiftra fi on fait la demonftration comme cy-deffus, prenant C A pour le plan incliné.

COROLLAIRE II.

Si le poids A eft pendu à vne ligne ferme comme C A attachée au point C,
à l'entour duquel elle fe puiffe mouuoir librement auec fon poids: il eft clair
que le poids ne fe repofera point que la ligne d'appenfion C A , ne foit vnie à
la ligne C L perpendiculaire à l'horizon : mais fi le mefme poids auec fa ligne
eft tiré par force du lieu de fon repos, & pofé comme il eft en la figure en A;
pour le maintenir en cét eftat, tirant par la ligne de direction A O perpendiculaire à C A, il faut vne puiffance efgale au poids Q, qui eft au poids A comme C F eft à C A, ainfi qu'il a efté demonftré, d'autant que la ligne C A eftant
ferme, reprefente le bras de la balance B A. Par mefme moyen le poids A
ne tire plus de toute fa puiffance contre la ligne C A , à laquelle il eft pendu;
mais fa puiffance en cette pofition eft à fa puiffance totale, fçauoir celle qu'il
auroit s'il tiroit par la ligne C L , comme A F eft à A C, par le premier Corol-

laire. Et quand C A seroit vne chorde, & non pas vne ligne ferme, le mesme
effect s'ensuiuroit, par la mesme raison par laquelle il n'est pas besoin que A
O soit vne ligne ferme. Cecy se demonstrera plus vniuersellement en la troisiesme Proposition.

COROLLAIRE III.

Vn poids tombant par violence, & rencontrant obliquement vn plan, ne
fera pas vn si grand effect : c'est à dire, n'appuyera pas si fort contre le mesme
plan, que s'il le rencontre perpendiculairement. Comme si le poids A tombant par violence rencontre obliquement le plan L N 2, son effect comparé
à la puissance entiere du mesme poids, ne sera que comme F A est à A C, ou
comme L M à L N. Ce qui est clair, puis que la violence n'est qu'vne aug-
mentation du poids, laquelle ne reçoit point d'autre demonstration que le
poids mesme. Et cecy a lieu en tous les corps qui agissent par violence contre
d'autres, selon qu'ils les rencontrent perpendiculairement ou obliquement.

COROLLAIRE IV.

Il est clair aussi que la puissance qui soustient vn poids sur vn plan incliné,
n'est pas au mesme poids comme l'angle de l'inclination est à l'angle droict;
ce que toutefois Cardan à voulu dire au 5. liure des Proportions, Proposit. 71.
Car il y a moindre raison de l'angle de l'inclination M L N à l'angle droict
M, que de la perpendiculaire M N à l'hypotenuse N L, & partant la puissance que Cardan nous assigne est moindre qu'il ne faut. Et l'experience mesme
est entierement contre Cardan. Pour exemple en l'inclination de trente degrez, l'experience nous fait voir que pour soustenir vn poids, il faut vne puissance qui soit la moitié du mesme poids : & toutefois selon Cardan il suffiroit
que la puissance fut le tiers du poids, puis que l'angle de trente degrez est le
tiers de l'angle droict. De mesme selon Cardan à l'inclination de 60^d. pour
soustenir quinze liures il faudroit seulement dix liures, & neantmoins l'experience fera voir qu'il faut treize liures, ou fort pres. Or l'experience s'ac-
corde entierement à nostre demonstration, ce que nous auons experimenté,
& que chacun pourra aussi experimenter assez facilement, ayant les instrumens propres comme nous les auons. Quant à Pappus qui au huictiesme liure de ses Collections Mathematiques Proposition neufiesme, veut demonstrer cette Proposition (s'il est vray qu'elle soit de luy-mesme) il a fort mal
reüssi, n'ayant produit qu'vn paralogisme en lieu d'vne demonstration : &
l'experience en plusieurs cas repugne beaucoup plus à ce qu'il conclud, qu'à
ce que qui a esté conclud par Cardan.

COROLLAIRE V.

On peut encore voir clairement qu'il faut moins de force pour faire monter vn poids par vn plan incliné, que par la perpendiculaire. Mais reciproquement ce poids fera plus de chemin, & partant sera plus de temps à monter par le plan incliné, que par la perpendiculaire. Et le temps par le plan incliné sera au temps par la perpendiculaire, comme reciproquement la puissance tirant par la perpendiculaire, à la puissance tirant par le plan incliné,

Car pour faire monter perpendiculairement le poids A depuis M iusques en
N, il faut vne puissance vne peu plus grande que le mesme poids : & pour le
faire monter à la mesme hauteur par le plan incliné L N, il faut vne puissance
vn peu plus grande que le poids Q, qui est moindre que le poids A, selon la
raison de la ligne M N à la ligne L N. Mais le chemin L N par le plan incliné, est en recompense plus grand que le chemin M N par la perpendiculaire.
Et le temps estant en la raison des chemins, il faudra plus de temps par le plan
incliné L N, que par la perpendiculaire M N, & la raison sera comme L N
à M N, c'est à dire comme du poids A à la puissance qui soustient le mesme
poids sur le plan incliné L N. De mesme quand deux plans seront inesgale-
ment inclinez, il faudra plus de forces pour soustenir, ou pour faire monter
vn poids sur celuy duquel l'angle de l'inclination sera plus grand, que sur celuy duquel l'angle de l'inclination sera moindre: mais reciproquement il faudra plus de chemin, & de temps, pour monter à vne certaine hauteur, par le
plan duquel l'angle de l'inclination sera moindre, que par celuy duquel l'angle de l'inclination sera plus grand. Ce qui est facile à demonstrer. Ainsi en
general pour faire monter vn poids sur des plans inclinez, il faudra plus de
temps à proportion que la puissance sera moindre; ce qui se rencontre en
tous les instrumens ordinaires de la Mechanique.

Ie sçay qu'en la Practique quand il est question de faire monter vn poids
par vn plan incliné, il suruient bien souuent de la part de la matiere des difficultez qui nous obligent à employer beaucoup plus de forces, que celles qui
sont requises par la demonstration precedente, pour soustenir le mesme
poids sur le mesme plan; soit à cause que le plan n'est iamais parfaict, & resiste par son inesgalité au corps pesant, qui de sa part est aussi inesgal; soit à
cause que les roüages ont peine de tourner, ou que les chordes ne plient pas
facilement, n'estant pas parfaictement flexibles, ny sans poids comme nous
les considerons en la Theorie, ou pour quelque autre raison. Mais icy nostre
intention n'a esté que de considerer la Mechanique dans sa pureté, & comme elle seroit si la matiere n'auoit de soy aucune resistance: le reste, sçauoir
les difficultez qui suruiennent de la part de la matiere, appartenant à vne autre consideration. Ioint que nostre Proposition est de trouuer vne puissance
qui puisse soustenir vn poids sur vn plan incliné, à quoy nous auons satis-
faict. Et quand il sera question de faire monter le mesme poids sur le plan, il
faudra adiouster à la puissance que nous auons trouuée, des forces suffisantes
pour surmonter toutes les difficultez qui suruiendrôt de la part de la matiere.

COROLLAIRE VI.

Pour ce que la viz n'est autre chose qu'vne superficie inclinée à l'entour de
quelque corps rond, il paroist qu'elle reçoit les mesmes demonstrations que
le plan incliné; ainsi elle fera vn grand effect auec peu de force, mais il luy
faudra plus de temps.

COROLLAIRE VII.

Le Coin represente le plus souuent deux plans inclinez, & quelquefois vn
seulement; & c'est la mesme chose de pousser à force le coin, ou plan incliné
par dessoubs le poids, que de tirer le poids sur le mesme plan. Partant le coin
reçoit

reçoit les mefmes demonftrations que le plan incliné : mais il a cette commodité de pouuoir eftre affifté de la puiffance du Marteau, laquelle eft prefque incomprehenfible, & telle, que toutes les autres puiffances ne font quafi rien à comparaifon d'elle. Ainfi le coin affifté du marteau, eft le plus fort inftrument que nous ayons en la Mechanique.

PROPOSITION II.

Quand la ligne de direction par laquelle vne puiffance fouftient vn poids fur vn plan incliné, n'eft pas parallele au mefme plan ; l'inclination du plan eftant donnee, & le poids ; trouuer la puiffance.

CETTE Propofition a deux cas, & vne determination qu'il faut expliquer auant toutes chofes. Pour ce faire foit le poids A pofé fur le plan incliné L N 2 : foit auffi la balance inclinée C A N perpendiculaire au mefme plan, & la balance horizontale C F, auec la ligne A F perpendiculaire fur C F, Y A O parallele au plan L N 2, & N M perpendiculaire au plan horizontal L M, le tout comme en la troifiefme figure. Plus du point N fur le plan incliné L N 2 foit efleuée la perpendiculaire N T, rencontrant le plan horizontal au point T, & foit la mefme ligne T N prolongée iufques en A, centre de pefanteur du poids donné A, afin que la ligne T A puiffe, quand il en fera de befoin, reprefenter vne chorde, ou vne ligne ferme. Maintenant il eft clair que fi la ligne de direction par laquelle vne puiffance fouftient le poids A, eft la ligne A F, qui eft la ligne de direction du mefme poids, la puiffance doit eftre efgale au poids, par le fecond Axiome ; & en cet eftat le poids A eftant entierement fouftenu par la puiffance F, il n'appuyera plus fur le plan incliné L N 2, par la commune cognoiffance. Il n'appuyera pas auffi, à plus forte raifon, fur le mefme plan incliné, fi la ligne de direction par laquelle la puiffance le fouftient, eft pofée entre A F, & A Y diuifant l'angle F A Y. Comme fi la puiffance tire le poids A par la ligne de direction I A, tant s'en faut qu'elle fouftienne le poids fur le plan incliné, qu'au contraire elle le fera defcendre, & feparer du mefme plan, le faifant venir au deffoubs d'elle-mefme, pour le fouftenir librement par la ligne de direction du mefme poids, ce qui eft affez clair de foy-mefme. Ainfi il ne faut pas que la puiffance qui doit fouftenir le poids A fur le plan incliné L N 2, tire par vne ligne de direction pofée entre A F & A Y. Il ne faut pas auffi que la ligne de direction de la puiffance foit A Y, ny entre A Y & A T : car en cet eftat la puiffance feroit gliffer & defcendre le poids fur le plan incliné, en lieu de le fouftenir, ce qui eft encore clair ; comme fi la puiffance tire par la ligne A Z. Or nous fuppofons que le plan ne donne aucun empefchement à la ligne A Z, ny à fes pareilles qui trauerfent le mefme plan : que fi cette penetration choque l'imagination de ceux qui ne fe veulent point deftacher de la matiere, qu'ils s'imaginent que le plan eft ouuert le long de la ligne L N 2, expres pour donner paffage aux chordes defquelles nous auons befoin pour tirer par deffouz le plan ; ce que nous auons fait aux plans defquels nous nous feruons quand nous voulons auoir le plaifir de voir l'experience faire paroiftre aux fens les veritez que la raifon auoit defcouuertes & concluës auparauant. Il faut entendre de mefme que le plan L N 2 ne donne aucun empefchement à la balance C A N. En fin

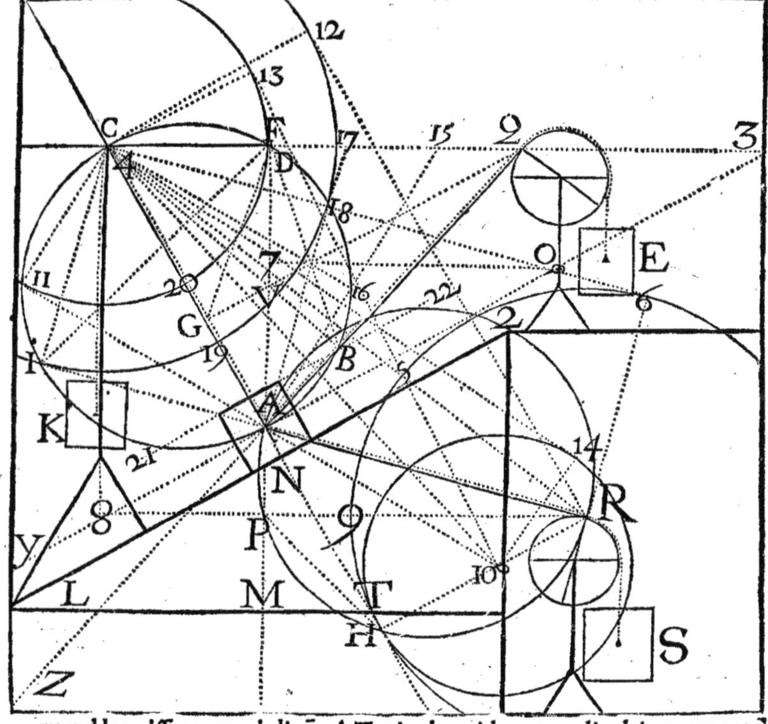

quand la puiſſance, par la ligne A T, tire le poids perpendiculairement contre le plan L N 2, elle le faiƈt bien appuyer plus fort contre le meſme plan,
mais elle ne luy oſte pas l'inclination qu'il a de gliſſer ; partant cette inclination demeurant au poids, ſans que rien luy reſiſte, il gliſſera, ſi le plan eſt parfait, qu'elle que puiſſe eſtre la puiſſance qui le tire par la ligne A T perpendiculaire au plan L N 2, laquelle puiſſance ne contribuë rien pour faire monter ny deſcendre le poids ſur le plan, employant toute ſa force à le faire appuyer plus fort contre le meſme plan : ce que nous demonſtrerons ample-
ment au quatrieſme Scholie ſuiuant. Il reſte donc à examiner deux poſi-
tions de la puiſſance, l'vne quand ſa ligne de direƈtion eſt entre A F & A O,
diuiſant l'angle F A O, comme ſi la ligne de direƈtion eſt A Q, & la puiſſance en Q, ou par deſſus vne poulie en E; & cette poſition fait le premier cas de
la Propoſition. La ſeconde poſition, qui fait le ſecond cas, eſt quand la ligne de direƈtion de la puiſſance eſt entre A O & A T, comme ſi la ligne de
direƈtion eſt A R, & la puiſſance en R, ou par deſſus vne poulie en S. Mais
ces deux cas ne ſont differents qu'en la conſtruƈtion, car la demonſtration
eſt de meſme en l'vn qu'en l'autre. Que ſi la ligne Q A eſt continuée vers A
tant que l'on voudra iuſques en Z, & R A iuſques en I, ce ſera le meſme de
pouſſer le poids A vers Q par la ligne de direƈtion Z A, que de le tirer par la
ligne Q A : & le meſme de pouſſer par la ligne I A, que de tirer par R A, par
le ſecond Axiome : partant vne meſme demonſtration ſeruira tant pour tirer que pour pouſſer.

Donc au premier cas soit la ligne de direction A Q, par laquelle la puissance Q ou E soustient le poids A donné, & posé sur le plan incliné L N 2, l'angle de l'inclination N L M estant donné, & l'angle O A Q compris par la ligne A O parallele au plan L N 2, & par la ligne A Q, par laquelle tire la puissance Q ou E; il faut cognoistre cette puissance Q ou E. Du poinct C sur la
ligne Q A, soit menée la perpendiculaire C B, laquelle tombera entre les
points Q & A, d'autant que les angles A Q C, Q A C sont aigus; & cette
perpendiculaire C B sera donnée; d'autant que le triangle C A B est donné,
la ligne C A estant donnée par construction, l'angle B droit, & l'angle C A
B complement de l'angle B A O. Soit aussi fait que comme la ligne B C donnée est à la ligne C F donnée, ainsi le poids A donné soit à la puissance Q ou
E, laquelle sera donnee. Ie dis que cette puissance Q ou E trouuee comme
nous venons de dire, est celle que l'on demande. Car soit la puissance O laquelle tirant par la ligne A O parallele au plan incliné L N 2, soustienne le
poids A sur le mesme plan, ou sur la balance C A, le tout comme en la premiere Proposition. Il y a donc mesme raison de la puissance O au poids A
que de la ligne C F à la ligne C A, par la premiere Proposition, & comme le
poids A est à la puissance Q ou E, ainsi la ligne C B est à la ligne C F, par la construction; donc par raison esgale en proportion troublee, la puissance O est
est à la puissance Q ou E, comme la ligne C B est à la ligne C A. Mais la puissance Q ou E, tirant par la ligne Q A oblique au bras de la balance C A, tire
de mesme que par la distance C B representant le bras de la balance, par le
troisiesme Axiome, à laquelle distance C B la ligne de direction Q B A est perpendiculaire. Puis donc que la puissance Q ou E tire perpendiculairement
sur la distance C B, & que la puissance O tire aussi perpendiculairement sur
la distance C A; & que la proportion est reciproque de la puissance O à la
puissance Q ou E, & de la distance C B, par laquelle tire la puissance Q ou E,
à la distance C A, par laquelle tire la puissance O, les puissances tireront esga-
lement, par la six & septiesme Proposition du premier liure des Mechaniques
d'Archimede, ou par ce qui s'en peut deduire facilement, ce que nous auons
fait en nostre Mechanique en deux manieres toutes differentes. Mais la puissance O tirant par la distance C A maintient en equilibre la balance C A a-
uec le poids A posé sur le plan incliné L N 2, & l'empesche de glisser sur le
mesme plan, par la premiere Proposition: donc la puissance Q ou E tirant par
la distance C B ou C A, maintiendra de mesme la balance C A en equilibre,
& empeschera le poids A de glisser. Et la chorde Q A estant attachée au centre de pesanteur A, elle deschargera la balance, laquelle par ce moyen n'appuyant plus sur son centre, sera inutile par le cinquiesme Axiome. Partant
la puissance Q ou E tirant par la chorde Q A, soustient le poids donné A sur
le plan L N 2, duquel l'angle de l'inclination N L M est donné: & la puissance Q ou E est donnée, qui est ce que l'on demande.

Au second cas soit la ligne de direction A R, par laquelle la puissance R ou S
soustient le poids A donné & posé sur le plan incliné L N 2; l'angle O A R
estant donné, & le reste comme cy-dessus, il faut cognoistre cette puissance R ou S. D'autant que l'angle C A O est droit, l'angle C A R sera obtus &
donné; & la ligne R A estant continuée vers A iusques en I, auquel point
tombe la perpendiculaire C I, le triangle rectangle C A I sera donné, & la
perpendiculaire C I donnée. Soit donc fait que comme la ligne C I donnée

eſt à la ligne C F donnée, ainſi le poids A donné ſoit à la puiſſance R ou S, laquelle ſera donnée. Ie dis que cette puiſſance R ou S trouuée comme nous venons de dire, eſt celle que l'on demande. Le reſte de la conſtruction, & toute la demonſtration eſt comme auparauant, prenant icy la chorde R A, la diſtance C I, & la puiſſance R ou S en lieu de la chorde Q A, de la diſtance C B & de la puiſſance Q ou E. Partant, &c.

AVTREMENT

La conſtruction & determination eſtant de meſme qu'auparauant, ſoit poſée vne puiſſance en F eſgale au poids A, laquelle puiſſance tire par la ligne de direction A F vers F, ſçauoir au contraire du poids A : il eſt clair que la puiſſance F tiendra la balance C A en equilibre, comme il a eſté dit en la ſeconde demonſtration de la premiere Propoſition. Or la puiſſance F tire perpendiculairement ſur la diſtance C F; & la puiſſance Q ou E tire perpendiculairement ſur la diſtance C B au premier cas; comme au ſecond cas la puiſſance R ou S tire perpendiculairement ſur la diſtance C I : & tant au premier qu'au ſecond cas les diſtances ſont en proportion reciproque des puiſſances; car, par conſtruction, au premier cas le poids A, c'eſt à dire la puiſſance F, eſt à la puiſſance Q ou E, comme C B eſt à C F : & au ſecond cas le poids A, ou la puiſſance F, eſt à la puiſſance R ou S, comme C I eſt à C F. Partant la puiſſance Q ou E tirant par la chorde Q A; ou bien la puiſſance R ou S tirant par la chorde R A, tient la balance C A en equilibre de meſme que la puiſſance F tirant par la chorde F A. Donc, &c. comme auparauant.

SCHOLIE I.

En cette Propoſition, & particulierement au ſecond cas, il y a vne choſe qui d'abord pourroit paroiſtre eſtrange à pluſieurs; laquelle eſt, que la poſition de la chorde R A pourroit eſtre telle, que la perpendiculaire C I ſeroit eſgale à C F, ou moindre que C F en raiſon donnée telle qu'on voudra; & partant le poids A pourroit eſtre eſgal à la puiſſance R ou S, ou moindre que la meſme puiſſance en telle raiſon qu'on voudra : ainſi il faudroit vne plus grande puiſſance que le poids A, pour ſouſtenir le meſme poids ſur le plan incliné L N 2, tirant ou pouſſant par vne ligne de direction, qui ne ſoit pas paralele au meſme plan. Mais comme la raiſon l'a conclud, ainſi l'experience le fera paroiſtre aux ſens, à ceux qui en voudront faire l'eſpreuue, & qui auront les inſtrumens propres pour ce faire : & la choſe ne paroiſt eſtrange que pour n'auoir pas eſté conſiderée auparauant, & qu'elle n'eſt pas en vſage : la nature, par vne cognoiſſance aueugle, nous portant touſiours à tirer ou pouſſer par des lignes de direction paralleles au plan ſur lequel nous tirons, ou pouſſons vn poids, pour ce que par ces lignes paralleles il faut moins de forces que par les autres, ce qui ſe prouuera tout maintenant. Adiouſtez à cela, qu'il y a d'ordinaire plus de commodité en la practique de tirer, ou pouſſer par des lignes paralleles au plan, que par d'autres qui ne ſont pas paralleles au meſme plan.

Or qu'il faille moins de forces pour tirer ou pouſſer vn poids ſur vn plan incliné, par vne ligne de direction parallele au meſme plan, que par vne qui ne foit pas parallele ; il fe prouue facilement en confequence de ce que nous auons demonftré en la feconde Propofition. Car au premier cas il y a moin-dre raifon de C B à C F, que de C A à C F, pour ce que C B eft moindre que C A : mais comme C B eft à C F, ainfi le poids A eft à la puiffance Q ou E, par la feconde Propofition : & comme C A eft à C F, ainfi le poids A eft à la puif-fance O par la premiere Propofition. Donc il y a moindre raifon du poids A à la puiffance Q ou E, que du mefme poids A à la puiffance O ; & partant la puiffance O eft moindre que la puiffance Q ou E. Au fecond cas la perpendi-culaire C I eftant encore moindre que la ligne C A, il y a moindre raifon de C I à C F, que de C A à C F, &c. comme au premier cas.

SCHOLIE II.

Le plan incliné, & le poids qui eft pofé deffus eftant toufiours les mefmes, plus la ligne de direction de la puiffance fera l'angle grand auec le mefme plan, plus il faudra vne grande puiffance pour fouftenir le poids fur le plan.

Icy il y a deux cas, defquels le premier eft quand la ligne de direction de la puiffance eft entre A O & A F ; le fecond eft quand la ligne de direction de la puiffance eft entre A O & A T. Au premier cas foit la puiffance Q tirant par la chorde A Q, & faifant auec la ligne A O l'angle O A Q : foit auffi la puiffance 15 tirant par la chorde A 15, & faifant auec la ligne A O l'angle O A 15 plus grand que l'angle O A Q ; & ainfi la ligne A 15 foit plus proche de la li-gne A F que la ligne A Q. Et que chacune des puiffances Q, 15 puiffe foufte-nir le poids A fur le plan incliné L N 2. Ie dis que la puiffance 15 eft plus gran-de que la puiffance Q. Car fur la ligne A 15 foit abaiffée la perpendiculaire C 16, le refte de la conftruction eftant comme en la Propofition precedente : il eft clair, par la mefme Propofition, que le poids A eft à la puiffance 15 comme la ligne C 16 eft à C F : & que le poids A eft à la puiffance Q, comme C B eft à C F : mais la raifon de C 16 à C F eft moindre que de C B à C F, pource que C 16 eft moindre que C B ; partant la raifon du poids A à la puiffance 15 eft moin-dre que du poids A à la puiffance Q, & par confequent la puiffance 15 eft plus grande que la puiffance Q, par la dixiefme Propofition du cinquiefme d'Eu-clide. Au fecond cas foit la puiffance R tirant par la ligne A R, qui faict auec la chorde A O l'angle R A O : & la puiffance 10 tirant par la chorde A 10 qui faict auec la ligne A O l'angle 10 A O plus grand que l'angle R A O, mais moindre que l'angle T A O, & ainfi la ligne A 10 foit plus proche que la li-gne A R de la ligne A T perpendiculaire au plan L N 2 ; & que chacune des puiffances R, 10 puiffe fouftenir le poids A fur le plan incliné L N 2. Ie dis que la puiffance 10 eft plus grande que la puiffance R. Car du point C fur la ligne A 10 prolongée vers A tant que de befoin, foit abaiffée la perpendicu-laire C 11, le refte de la conftruction eftant comme auparauant ; il eft clair, par la feconde Propofition, que le poids A eft à la puiffance R, comme I C eft à C F : & le mefme poids A à la puiffance 10 comme C 11 eft à C F : mais la rai-fon de I C eft plus grande que de C 11 à C F, pource que I C eft plus grande que C 11 ; partant la raifon du poids A à la puiffance R eft plus grande que du poids A à la puiffance 10 : & par confequent la puiffance R eft moindre que la puiffance 10, par la dixiefme Propofition du cinquiefme d'Euclide.

COROLLAIRE.

Puis qu'au premier cas de ce Scholie il a esté demonstré que la puissance est d'autant plus grande, que sa ligne de direction approche plus de la ligne A F, qui est le terme iusques ou les puissances sont vtiles de ce costé là, par la determination de la seconde Proposition ; & que la puissance qui tire par A F doit estre esgale au poids, par le second Axiome ; il est clair que les autres puissances seront tousiours moindres que le mesme poids. Mais au second cas de ce mesme Scholie, puis qu'il a esté demonstré que la puissance est d'autant plus grande, que sa ligne de direction approche plus de la ligne A T perpendiculaire au plan incliné ; laquelle ligne A T est le terme au delà duquel les puissances sont inutiles de ce costé là, par la determination de la seconde Proposition; il est clair, par la commune cognoissance, que de ce costé là, la ligne A T est celle par laquelle il faudroit la plus grande puissance de toutes, pour, en tirant par icelle, souftenir le poids A sur le plan incliné L N 2.

SCHOLIE III.

PROBLEME.

Estant donné vn plan incliné, vn poids, & vne puissance plus grande que la moindre qui peut souftenir le poids donné sur le plan donné; trouuer la ligne de direction par laquelle la puissance donnee tirant, souftiendra le mesme poids sur le mesme plan incliné : & donner aussi l'angle que cette ligne de direction fera auec le plan.

En la mesme figure de la seconde Proposition soit donné le plan incliné L N 2, & sur iceluy le poids A posé comme il est : soit aussi donnee vne puissance plus grande que la puissance O ou 3, qui est la moindre de toutes celles qui peuuent souftenir le poids A sur le plan L N 2 ; & qu'il faille trouuer la ligne de direction par laquelle doit tirer la puissance donnee, pour souftenir le mesme poids A sur le mesme plan L N 2. Soit A F la ligne de direction du poids A, la balance C A perpendiculaire au plan L N 2, la ligne C F perpendiculaire sur F A, &c. comme en la seconde Proposition. Donc, par la premiere Proposition, la puissance O sera au poids A, comme la ligne C F est à la ligne C A; mais la puissance donnee est plus grande que la puissance O, partant la puissance donnee aura plus grande raison au poids A que la ligne C F à la ligne C A. Soit fait que comme la puissance donnee est au poids A, ainsi la ligne C F soit à la ligne C 19 : lors il y aura plus grande raison de C F à C 19, que de C F à C A ; & par consequent C 19 sera moindre que C A. Que si la puissance donnee est esgale au poids A, la ligne C 19 sera esgale à C F. Et si la puissance donnee est plus grande que le poids A, la ligne C 19 sera moindre que C F. Et au contraire, si la puissance donnee est moindre que le poids A, la ligne C 19 sera plus grande que C F, toutes lesquelles choses sont faciles à prouuer. Maintenant du centre C & de l'interualle C 19 soit descrit le cercle I 19-12 lequel, si C 19 est plus grande que C F, coupera la ligne C Q entre les points F, 3 : si C 19 est esgale à C F, le cercle descrit de l'interualle C 19 coupera la ligne C Q au point F : autrement le mesme cercle coupera la ligne C Q entre C, F. En tous cas soient du point A centre du

poids, menees deux lignes touchantes le mefme cercle, l'vne d'vne part, l'autre de l'autre de la ligne A C; fçauoir la ligne A 18 touchant au point 18 de la
part de la ligne C Q; & la ligne A I touchant au point I de l'autre part vers la ligne C 8 : puis foient menees les lignes C 18 & C I: & confiderons premierement la tangente A 18, laquelle eftant prolongee rencontre la ligne C Q au
point 17, lequel point felon que le cercle I 19-18 coupera la ligne A Q entre les
points F, 3; ou au point F; ou entre C, F; fera auffi entre les mefmes points F, 3;
ou au point F; ou entre les points C, F: pofons que ce point 17 tombe entre F,
3; & foit la ligne A 17, vne chorde, par laquelle la puiffance donnee tire le poids
A : il eft clair, par la feconde Propofition que cette puiffance tirant par la ligne
A 17, fouftiendra le poids A fur le plan incliné L N 2; puis que, par la conftruction, la perpendiculaire C 18 eft à C F comme le poids A eft à la puiffance donnee. Si le point 17 tombe en F, ou entre C, F; il eft clair par la determination
de la feconde Propofition, que la puiffance fera inutile de ce cofté là : & ainfi
du mefme cofté la puiffance donnee ne fera vtile que quand elle fera moindre
que le poids donné: ce qui a defia efté remarqué au Corollaire du fecond Scholie. Confiderons en fecond lieu la tangente A I de l'autre part, quelle qu'elle
foit, & quelle que foit la puiffance donnee; pourueu qu'elle foit plus grande
que la puiffance O : & foit prolongee icelle tangente I A vers A iufques en R;
foit auffi vne chorde A R par laquelle tire la puiffance donnee, qui foit R ou S;
il eft clair, par la feconde Propofition, que la puiffance R ou S tirant par la chorde R A, fouftiendra le poids A fur le plan incliné L N 2; puis que, par la conftruction, la perpendiculaire C I eft à la ligne C F comme le poids A eft à la puiffance donnee R ou S. Et en tous les deux cas l'angle 17 A O, ou R A O fera cogneu;
qui eft ce que l'on demande.

COROLLAIRE.

Au fecond cas de ce troifiefme Scholie, auquel la tangente R A I touche le
cercle vers la ligne C 8; plus la puiffance fera grande, plus la ligne C F aura
grande raifon à la perpendiculaire C I; & ainfi la perpendiculaire C I fera dautant plus courte : & quand la puiffance donnee augmentera tant que l'on voudra, cette perpendiculaire C I diminuëra à proportion: cependant la ligne I A
R fera toufiours auec la ligne C A l'angle aigu I A C, au fommet duquel angle
fera l'angle T A R auffi aigu, faifant partie de l'angle droit T A O. Partant le refte, fçauoir l'angle R A O fera toufiours aigu, quelle que puiffe eftre la puiffance R donnee tirant par la chorde R A & fouftenant le poids A fur le plan incliné L N 2; eftant cette puiffance R ou S plus grande que la puiffance O. Et par
confequent en ce fecond cas la chorde A R fera toufiours entre la ligne A O
paralelle au plan incliné, & la ligne A T perpendiculaire au mefme plan. Or ce
que l'on remarquera particulierement au fecond cas, & qui feruira au Scholie
fuiuant, eft que la puiffance donnee pourra eftre plus grande que le poids A
tant de fois, & en telle raifon que l'on voudra, felon laquelle raifon on propor-
tionnera la ligne C F à la ligne C 19, ou C I, faifant le refte comme cy-deffus:&
toufiours la chorde A R fera entre A O & A T.

SCHOLIE IV.

De ce que nous auons demonftré cy-deffus au fecond & troifiefme Scholie, il nous sera facile de prouuer qu'il ny aura aucune puissance finie, tant grande qu'elle puisse estre, laquelle tirant par la chorde A T perpendiculaire au plan incliné L N 2, puisse souftenir le poids A sur le mesme plan. Car s'il y en a vne telle, soit icelle T, si faire se peut. Maintenant soit prise vne autre puissance 10 plus grande que T; & par le troisiesme Scholie soit trouuee la chorde A 10 par laquelle cette plus grande puissance 10 tirant souftienne le poids A sur le plan incliné L N 2. Donc, par le Corollaire du mesme troisiesme Scholie, la chorde A 10 sera entre les lignes A O & A T. Partant entre les chordes A 10 & A T, il s'en trouuerra vne infinité d'autres, par lesquelles des puissances souftiendront le mesme poids A sur le plan L N 2, & ces puissances seront toutes plus grandes que la puissance 10, d'autant que leurs chordes seront plus proches de la chorde A T, par le second Scholie : par consequent les mesmes puissances seroient beaucoup plus grandes que la puissance T, ce qui est absurde, & contre le Corollaire du second Scholie. Donc il ny a aucune puissance finie laquelle tirant par la ligne A T, puisse souftenir le poids A sur le plan incliné L N 2. Et reuenant à la determination de la seconde Proposition, comme nous auions promis en ce lieu là, il ne faut pas que la puissance tire par la ligne A T.

COROLLAIRE.

Puis que c'est de mesme de pousser par la ligne C A, que de tirer par la ligne A T, il est clair qu'il ny aura aucune puissance finie, laquelle poussant par la ligne C A, empesche le poids A de glisser sur le plan incliné L N 2. Quand donc il y auroit vn autre plan parallele au plan L N 2, comme le plan 21-22, entre lequel & le plan L N 2, seroit compris le poids A pressé par ces deux plans par telle force qu'on voudra, les plans estant parfaitement plans, le poids ne laissera pas de glisser, d'autant que le plan 21-22 en pressant fait le mesme effet que la puissance qui presseroit par la ligne de direction C A, laquelle n'empesche pas le poids de glisser. Et quand les deux plans ne seroient pas inclinez, mais perpendiculaires à l'horizon, le mesme effet s'ensuiuroit à plus forte raison.

ADVERTISSEMENT.

Il est vray qu'en la pratique il n'y a aucun moyen de faire l'experience de ce que nous venons de demonstrer en ce quatriesme Scholie, & en son Corollaire, pour ce que nous n'auons point de plan parfait : & les inesgalitez qui se rencontrent dans les plans ordinaires, sont des petites eminences, & concauitez, lesquelles estant inserees les vnes dans les autres, empeschent le glissement, qui ne se peut faire sans collision, & brisement des petites parties des corps qui se touchent, laquelle collision apporte de la resistance, & partant quelque puissance est requise pour vaincre cette resistance, ce qui n'arriueroit pas en vn plan parfait. Et dautant plus que l'inesgalité des superficies est grande, ou que les superficies sont pressees l'vne contre l'autre, dautant plus il y a de parties inserees les vnes dans les autres, & plus profondément, & partant la collision est dautant plus grande, & la resistance au glissement plus grande, pour laquelle surmonter il faut dautant plus de puissance. Aussi l'experience nous fait voir que deux corps desquels les superficies sont inesgales, venant à estre frottez l'yn contre l'autre par vne collision continuelle, les eminences se brisent, les concauitez s'applaniſſent, les ſuperficies s'vniſſent, & les corps gliſſent l'vn ſur l'autre bien plus facilement qu'auparauant : & arriueroit, ſi les ſuperficies pouuoient deuenir parfaitement vnies, que le gliſſement ſe feroit ſans aucune reſiſtance. Nous auons dit cecy pour la conſideration de ceux qui n'eſtant ſçauans que par les ſens & par l'experience, pourroient trouuer eſtrange la concluſion du meſme quatrieſme Scholie & de ſon Corollaire. Car quand à ceux qui donnent à la raiſon, & à l'experience le rang que chacune merite, il ne faut point d'autre aduertiſſement que la raiſon meſme, par laquelle ils ſeront entierement aſſeurez de la concluſion.

PROPOSITION III.

Eſtant donné vn poids ſouſtenu par deux chordes, ou par deux appuys, deſquels la poſition ſoit donnee; trouuer quelle puiſſance il faut à chacune chorde, ou à chacun appuy.

Au diſcours ſuiuant nous prenons pour deux chordes, non ſeulement celles qui ſont ſeparees reellement & de fait ; mais auſſi vne meſme chorde laquelle faict vn angle : car les deux portions compriſes entre l'angle & chacune des deux extremitez de la chorde, repreſentent deux chordes differentes liees enſemble au ſommet de l'angle. Au contraire deux chordes liees enſemble, & poſees en vne meſme ligne droite, ne repreſentent qu'vne ſeule chorde.

CEtte Propoſition depent preſque entierement de la ſeconde, & la meſme figure ſert pour toutes les deux : & ce que nous dirons des chordes ſe doit auſſi entendre des appuys. Or en general elle a deux cas : le premier eſt quand les deux chordes auſquelles eſt pendu le poids ſont paralleles entre elles : le ſecond eſt quand les deux chordes ſont inclinees l'vne à l'autre. Au premier cas il n'y a point de difficulté : car il faut que les chordes ſoient paralleles non ſeulement entre elles, mais auſſi à la ligne de direction du poids, & en ce cas chacune ſouſtiendra vne portion du poids laquelle ſera à l'autre portion en proportion reciproque des diſtances qui ſeront entre le centre de peſanteur du poids & chacune des chordes, par la raiſon du leuier, ainſi qu'il eſt demonſtré par Guid-vbalde au troiſieſme Corollaire de la ſeconde Propoſition du leuier, & les deux puiſſances priſes enſemble ſeront eſgales au poids, par le quatrieſme Corollaire ibidem. Le ſecond cas ſe diuiſe derechef en trois autres, deſquels le premier eſt quand les deux chordes font angle, & que le poids eſt pendu au ſommet du meſme angle, & les bouts des chordes ſont retenus par des puiſſances, ou par des arreſts : le ſecond eſt quand les deux chordes font angle, auquel eſt vne puiſſance, ou vn arreſt ſouſtenant le poids attaché par deux points differents aux deux bouts des chordes : le troiſieſme eſt quand le poids eſt attaché à deux chordes par deux points differents, & que les chordes ſont retenuës chacune par vne puiſſance ou vn arreſt, ſoit que les meſmes chordes ſoient decuſſees, ou non, entre le poids & les puiſſances, ou les arreſts. Mais la briefueté de ce Traité ne nous permet pas de donner la ſolution du ſecond & troiſieſme cas, qui ne ſont que des côuerſes du premier, de la demonſtration duquel nous nous contenterons pour le preſent. Quand aux autres, on les trouuerra dans nos Mechaniques, ou nous parlons auſſi du poids ſouſtenu par trois chordes, ou par trois appuys.

Nous conſiderons donc icy deux chordes retenuës chacune par vn bout, l'vne par vne puiſſance, & l'autre par vne autre, ou par des arreſts, en deux lieux differents, deſquelles chordes les deux autres bouts ſe rencontrent,& font angle, au ſommet duquel eſt pendu vn poids donné, & la poſition de chacune chorde eſt donnee: on demande chacune des puiſſances; ſuppoſant que les deux enſemble ſouſtiennent le poids: ou, ce qui eſt de meſme, on demande quelle reſiſtance apporte chacun des arreſts ſouſtenants le poids par les chordes donnees.

Soit donc le poids A duquel la ligne de direction eſt A F, & ſoit l'vne des chordes données C A retenuë par l'arreſt, ou la puiſſance C; & que la chorde C A face auec la ligne F A l'angle aigu donné C A F; & ſoit menee la ligne C F perpendiculaire ſur la ligne de direction A F, laquelle C F ſoit prolongee vers F tant que de beſoin. Quoy poſé l'autre chorde, laquelle auec la chorde C A ſouſtient le poids A, doit eſtre en meſme plan que le triangle C A F, autrement le poids ne ſubſiſteroit pas en cet eſtat: ce que nous ſuppoſons eſtre cogneu. Il faut auſſi que l'autre chorde ſoit, à l'eſgard de la ligne de direction A F, de l'autre part de la ligne A C, comme eſt A Q, A O, ou A R, &c. car ſi les deux chordes eſtoient de meſme part de la ligne A F, le poids ne demeureroit pas, mais changeroit de poſition,& viendroit iuſques ſoubs la chorde la plus prochaine de la ligne de direction. Et ſi la chorde eſtoit F A meſme, elle ſouſtiendroit entierement le poids toute ſeule, ſans qu'il fut beſoin d'vne autre : ce que nous ſuppoſons encore eſtre cogneu. Dauantage l'autre chorde fera auec la chorde C A vn angle aigu, ou vn angle droict, ou vn angle obtus. Qu'elle face donc premierement vn angle aigu donné qui ſoit l'angle G A Q, la chorde eſtant A Q E, & ſa puiſſance Q ou E; & l'autre puiſſance eſtant C ou K tirant par la chorde A C K. Du point Q ſoit menee la ligne Q D perpendiculaire ſur la ligne de direction A F,& la ligne Q G perpendiculaire ſur la chorde C A: & ſoit prolongee Q D tant qu'elle rencontre la chorde A C au point 4. Soit auſſi C B perpendiculaire ſur la chorde A Q. Maintenant, par la 2. Prop. nous auons veu que ſi C A eſt le bras d'vne balance ſur lequel ſoit le poids A retenu par la chorde C A qu'il ne gliſſe le long du bras C A:& que comme C B eſt à C F, ainſi ſoit le poids A à la puiſſance Q ou E tirant par la chorde Q A, cette puiſſance Q ou E tiendra la balance C A en equilibre; & la chorde Q A eſtant attachee au centre du poids A, la balance demeurera deſchargee, & le poids A ſera ſouſtenu partie par la puiſſance Q ou E, partie par le plan L N 2 perpendiculaire à la balance C A; ou en la place du plan L N 2, par la chorde C A, par le Scholie du 4. Axiome. Donc par ce moyen la puiſſance Q ou E eſt trouuee. Par meſme moyen, & par le meſme diſcours de la 2. Prop. ſi Q A eſt pris pour le bras d'vne balance, ſur lequel ſoit poſé le poids A retenu par la chorde Q A, qu'il ne gliſſe ſur le bras Q A:& que comme G Q eſt à Q D, ainſi le poids A ſoit à la puiſſance C ou K, cette puiſſance C ou K tirant par la chorde C A, tiendra la balance Q A en equilibre; & la chorde C A eſtant attachee au centre du poids A, la balance Q A demeurera deſchargee, & le poids A ſera ſouſtenu partie par la puiſſance C ou K tirant par la chorde C A, & partie par la chorde Q A. Or dautant que l'angle G A Q eſt donné, & les chordes A Q & A C, auec les angles C A F, Q A D, les perpendiculaires C B, Q G, C F, & Q D ſont donnees, & leurs raiſons auſſi donnees;& partant les raiſons du poids donné A aux puiſſances Q ou E, & C ou K; leſquelles puiſſances par conſequent ſeront donnees; & elles ſouſtiennent le poids A par les chordes Q A & C A, qui eſt ce que l'on demande.

Secondement soit la chorde A O faisant auec la chorde C A l'angle droict C
A O; & du point O sur la ligne de direction A F, soit menée la perpendiculaire
O 7. Soient aussi les puissances O, C, lesquelles tirant par les chordes O A &
C A, soustiennent le poids A. Maintenant, par la premiere Proposition, estant
imaginé le bras de la balance C A, sur lequel soit le poids A retenu par la chorde C A, qu'il ne glisse sur le bras C A, & faisant que comme A C est à C F, ainsi
le poids A soit à la puissance O, cette puissance O tirant par la chorde O A, tiendra la balance en equilibre; & la chorde A O estant attachee au centre du poids
A, la balance sera deschargee, & le poids A reposera sur la chorde A O, & sur
le plan L N 2, ou en sa place, sur la chorde C A, par le Scholie du quatriesme A-
xiome. Par le mesme moyen & par le mesme discours de la premiere Proposition, prenant A O pour le bras de la balance, &c. on conclura que le poids A
est à la puissance C tirant par la chorde C A, comme A O est à O 7; ou, ce qui
est de mesme, comme C A est à C F, à cause des triangles semblables A O 7, A
C F. Or dans les triangles A C F, A O 7 tout est donné, & le poids A donné,
partant les puissances C, O sont donnees; & elles soustiennent le poids A sur
les chordes C A & A O; qui est ce que l'on demande.

En troisiesme lieu soit la chorde A R faisant auec la chorde C A l'angle obtus
donné C A R, & du point R soit menee la ligne R P perpendiculaire sur la ligne
de direction F A prolongee vers A, s'il en est besoin : soit aussi menee R H perpendiculaire sur la chorde C A prolongee ; & C I perpendiculaire sur la chorde R A aussi prolongee : & soit la puissance R ou S tirant par la chorde R A, &
la puissance C ou K tirant par la chorde C A, lesquelles puissances tirant ainsi
soustiennent le poids A; il faut trouuer chacune des mesmes puissances. Or, par
la seconde Proposition, estant imaginé le bras de la balance C A, nous conclu-
rons que comme C I est à C F, ainsi le poids A est à la puissance R ou S qui sera
donnee; & tiendra la balance C A en equilibre : & la chorde R A estant attachee au centre du poids A; la balance C A demeurera deschargee, & le poids
A sera soustenu partie par la chorde R A, & partie par le plan L N 2, ou en sa
place, par la chorde C A, par le Scholie du quatriesme Axiome. Reste à trouuer
la puissance C ou K, pour laquelle soit faict que comme R H est à R P, ainsi le
poids A soit à la puissance C ou K, laquelle ie dis estre celle que l'on demande.
Car soit imaginé le bras d'vne balance R A, sur lequel soit posé le poids A, &
soit vne puissance F laquelle tirant par la ligne de direction F A, tienne le bras
R A en equilibre auec son poids A; il est clair, que la puissance F soustenant le
poids A par la ligne de direction du mesme poids, luy sera esgale, par le second
Axiome. Mais la puissance F tirant sur le bras R A tire de mesme que sur le bras
ou la distance R P, par le troisiesme Axiome; & la puissance C ou K tirant sur le
bras R A tire de mesme que sur le bras ou la distance R H, par le mesme troisiesme Axiome. Puis donc que la puissance F tire perpendiculairement sur sa
distance R P; & que la puissance C ou K tire aussi perpendiculairement sur sa distance R H; & qu'en proportion réciproque, il y a mesme raison de la distance
R H à la distance R P, que du poids A ou de la puissance F à la puissance C ou K,
par construction; la puissance F sur le bras R P ou R A, sera le mesme effect que
la puissance C ou K sur le bras R H ou R A : mais la puissance F tient le bras R A
en equilibre, par la construction ; donc la puissance C ou K tiendra de mesme le
bras R A en equilibre, & la chorde C A estant attachee au centre du poids A
le bras demeurera deschargé, & demeureront les seules chordes C A & R A,

auec leurs puiſſances leſquelles ſouſtiendront le poids A; & les puiſſances ſont
donnees, qui eſt ce que l'on demande. Que ſi T A eſt vn appuy en lieu de la
chorde C A : & Z A, ou Y A, ou I A vn autre appuy en lieu de la chorde Q A,
ou O A, ou A R, il eſt clair, que ces appuys feront le meſme effet que les chordes, par le ſecond Axiome : & par le meſme Axiome, ſi C, Q ſont des arreſts, ils
feront le meſme effet que les puiſſances.

COROLLAIRE.

On remarquera donc qu'en tous les cas on tire de chacune puiſſance deux
perpendiculaires, l'vne ſur la ligne de direction du poids, l'autre ſur la chorde
de l'autre puiſſance ; & que dans les raiſons du poids aux puiſſances, le poids eſt
homologue aux perpendiculaires tombantes ſur les chordes des puiſſances, &
les puiſſances ſont homologues aux perpendiculaires tombantes ſur la ligne
de direction du poids. Comme le poids A eſt homologue aux perpendiculaires C B, Q G, C A, O A, C I, & R H, leſquelles tombent des puiſſances ſur les
chordes : & les puiſſances C, Q, E, O, R, ou S ſont homologues aux perpendiculaires Q D, C F, O 7, ou R P tombantes ſur la ligne de direction A F : &
touſiours le poids eſt à la premiere puiſſance, comme la perpendiculaire tombante de la ſeconde puiſſance ſur la chorde de la premiere, eſt à la perpendiculaire tombante de la ſeconde puiſſance ſur la ligne de direction du poids : & reciproquement le poids eſt à la ſeconde puiſſance comme la perpendiculaire
tombante de la premiere puiſſance ſur la chorde de la ſeconde, eſt à la perpendiculaire tombante de la premiere puiſſance ſur la ligne de direction du poids :
ce que l'on remarquera en toutes les raiſons des trois cas, pour ce que cecy
ſeruira au Scholie ſuiuant.

SCHOLIE PREMIER.

En cette Propoſition quand les chordes ſont inclinees de ſorte que toutes les
deux peuuent rencontrer la ligne C F perpendiculaire à la ligne de direction A
F, l'vne d'vne part & l'autre de l'autre du point F, il s'y rencontre vne choſe de
remarque que nous n'auons pas voulu oublier, & laquelle eſt telle.
Soit premierement l'angle aigu C A Q auquel la chorde A Q rencontre la
ligne C F au point Q ; en ſorte que des chordes C A & A Q, & de la ligne C
F Q il ſe face vn triangle C A Q, duquel les trois perpendiculaires tombantes
des trois angles ſur les trois coſtez ſoient A F, C B, & Q G, leſquelles s'entre-
coupent en vn meſme point qui ſoit V. (car de quelque triangle que ce ſoit les
trois perpendiculaires s'entre-coupent touſiours en vn meſme point, lequel
point aux triangles oxigones eſt dans les meſmes triangles : aux triangles rectangles ce point eſt au ſommet de l'angle droit : & aux triangles amblygones
le meſme point eſt hors les triangles) Ie dis que ſi les puiſſances C, Q ſouſtiennent le poids A pendu par les chordes C A & Q A, il y aura meſme raiſon de
G Q à Q V, que du poids A à la puiſſance C, & meſme raiſon de C Q à C V
que du poids A à la puiſſance Q ; & partant meſme raiſon de C Q aux deux lignes enſemble Q V & C V que du poids A aux deux puiſſances enſemble C, &
Q. Car il a eſté demonſtré cy-deſſus que G Q eſt à Q F, comme le poids A eſt à
la puiſſance C : mais comme G Q eſt à Q F ainſi C Q eſt à Q V, à cauſe des triangles

gles rectangles semblables G Q C, F Q V; partant le poids A est à la puissance C, comme C Q est Q V. Pareillement il a esté demonstré que le poids A est
à la puissance Q comme B C est à C F, mais B C est à C F comme Q C est à C
V, à cause des triangles rectangles semblables B C Q, F C V; partant le poids
A est à la puissance Q comme Q C est à C V; & par la vingt-quatriesme Proposition du cinquiesme d'Euclide, le poids A sera aux deux puissances ensemble C, Q comme la ligne C Q est aux deux ensemble Q V & C V.

Secondement soient les chordes C A & A O qui facent l'angle droit C A O;
& que la chorde A O prolongee, s'il en est besoin, rencontre la ligne C F aussi
prolongee au point 3. & soit le poids A & la puissance C comme auparauant;&
la puissance 3 en lieu de la puissance O qui luy soit esgale. Or les trois perpendiculaires du triangle C A O, tombantes des trois angles sur les costez opposez,
sont A F, C A, & 3 A, lesquelles se coupent au point A. Ie dis que le poids A
est à la puissance C comme la ligne C 3 est à la ligne 3 A; & que le poids A est à
la puissance 3 comme C 3 est à C A; & partant que le poids A est aux deux puissances ensemble C & 3 comme la ligne C 3, & aux deux ensemble 3 A, & C A.
Car il a esté demonstré que le poids A est à la puissance C, comme la ligne A O
est à O 7, c'est à dire comme la ligne A 3 est à 3 F, ou C 3 à 3 A, à cause des triangles semblables A O 7, A 3 F, & C 3 A. Pareillement il a esté demonstré que le
poids A est à la puissance O, ou à la puissance 3 esgale à la puissance O, comme
A C est à C F, c'est à dire comme 3 C est à C A, à cause des triangles semblables A C F, 3 C A. Donc par la vingt-quatriesme Proposition du cinquiesme
d'Euclide, le poids A sera aux deux puissances C, 3 prises ensemble, comme la
ligne C 3 est aux deux ensemble 3 A, & C A.

En troisiesme lieu soient les chordes C V & Q V qui facent l'angle obtus C
V Q; & soit le poids V, & les puissances C, Q, lesquelles soustiennent le poids
V par les chordes C V & Q V. Soient aussi les trois perpendiculaires du triangle C V Q, sçauoir V F ligne de direction du poids V, prolongee vers V en de-
hors de l'angle obtus, laquelle V F soit perpendiculaire sur le costé C Q: C G
perpendiculaire de l'angle C sur le costé opposé Q V prolongé iusques en G;
laquelle C G prolongee rencontre F V aussi prolongee au point A: & Q B perpendiculaire de l'angle Q sur le costé opposé C V prolongé iusques en B, laquelle Q B prolongee rencontrera les deux autres perpendiculaires F V & C
G au mesme point A. Ie dis que le poids V est à la premiere puissance C comme la ligne C Q est à la ligne Q A: & que le poids V est à la seconde puissance
Q comme C Q est à C A; & partant le poids V aux deux puissances ensemble
C, Q comme la ligne C Q est aux deux ensemble Q A & C A. Car d'autant que
Q F est perpendiculaire sur la ligne de direction F V; & Q B perpendiculaire sur
la chorde C V prolongee, le poids V sera à la puissance C comme Q B est à Q
F, par le Corollaire precedent; c'est à dire comme C Q est à Q A, à cause de
triangles rectangles semblables B Q C, F Q A. D'autant aussi que C F est perpendiculaire sur la ligne de direction V F; & C G perpendiculaire sur la chorde
Q V prolongee, le poids V sera à la puissance Q comme C G est à C F, par le
Corollaire precedent; c'est à dire comme Q C est à C A, à cause des triangles
rectangles semblables G C Q, F C A. Puis donc que le poids V est à la puissance C comme C Q est à Q V; & le mesme poids A à la puissance Q comme C Q
est à C A, il s'ensuit, par la vingt-quatriesme Proposition du cinquiesme d'Euclide, que le poids V est aux deux puissances C, Q comme la ligne C Q est aux
deux ensemble Q A & C A.

COROLLAIRE I.

De ce qui a esté demonstré en ce Scholie, il est clair que le poids est homologue à la ligne menee d'vne puissance à l'autre, sçauoir au premier & troisiesme cas, à la ligne C Q, & au second cas, à la ligne C 3 : & les puissances sont homologues reciproquement aux lignes menees des mesmes puissances iusques au point du concours des perpendiculaires du triangle. Comme au premier cas le poids estant A, & les puissances C, & Q, & le point du concours des perpendiculaires estant V; la puissance C est homologue à la ligne Q V, & la puissance Q homologue à la ligne C V. Au second cas le poids estant A, & les puissances C, 3, & le point du concours des perpendiculaires estant A, la puissance C est homologue à la ligne 3 A, & la puissance 3 est homologue à la ligne C A. Et au troisiesme cas le poids estant V, & les puissances C, & Q; & le point du concours des perpendiculaires estant A, la puissance C est homologue à la ligne Q A, & la puissance Q est homologue à la ligne C A. Ce qui est facile à remarquer par la demonstration du mesme Scholie. Ainsi la premiere puissance est homologue à la ligne menee de la seconde puissance iusques au concours des trois perpendiculaires du triangle; & reciproquement, &c.

COROLLAIRE II.

Par la demonstration du mesme Scholie, il paroist encore que le poids est tousiours moindre que les deux puissances ensemble, le poids estant homologue à vn costé d'vn triangle, & les deux puissances estant homologues aux deux autres costez. Et quand l'vne des chordes, comme R A, ne pourroit concourir auec la ligne C F prolongee vers F, on demonstrera tousiours que le poids sera moindre que les deux puissances ensemble; veu que mesme il sera moindre, en ce cas, que la puissance C seule; puis que la perpendiculaire R H, à laquelle le poids est homologue, est moindre que la perpendiculaire R P, à laquelle la puissance C est homologue.

COROLLAIRE III.

Il y a encore icy vne chose digne de remarque, sçauoir la reciprocation des triangles C A Q & C V Q; lesquels sont tels que V est le point du concours des perpendiculaires du triangle C A Q; & reciproquement le point A est le concours des perpendiculaires du triangle C V Q; l'angle C A Q estant aigu, & C V Q estant obtus, & les deux ensemble valants deux droits. Car quand le poids est A estant homologue à la ligne C Q, les puissances C & Q sont homologues aux lignes Q V & C V : & quand le poids est V estant encore homologue à la ligne C Q, les puissances C, Q sont homologues aux lignes Q A & C A. Ainsi les chordes d'vn triangle sont les lignes homologues aux puissances de l'autre reciproquement; ce qui est demonstré.

COROLLAIRE IV.

Quand A seroit vne puissance en lieu d'vn poids, & que K, C, Q, E, R, ou

S seroient des poids ou des puissances; les chordes & les lignes de direction estant de mesme qu'auparauant, on demonstreroit de la puissance A ce qui a esté demonstré du poids A.

SCHOLIE II.

Par le Scholie precedent nous auons fait voir qu'en tous les cas ausquels les deux chordes qui soustiennent le poids, estant prolongees, s'il en est besoin, concourent auec la ligne C F perpendiculaire à la ligne de direction A F, l'vne d'vne part, & l'autre de l'autre du point F; le poids & les deux puissances estoient homologues aux trois costez d'vn triangle. Mais en ce second Scholie nous demonstrerons en general qu'en quelque disposition que soient le poids & les puissances qui le soustiennent sur deux chordes, pourueu que les chordes ne soient pas entre elles en ligne droite, le poids & les deux puissances sont tousiours homologues aux trois costez d'vn triangle. Pour faire cette demonstration en general il y a trois cas : le premier est quand l'angle compris par les chordes est aigu : le second, quand il est droict : & le troisiesme, quand il est obtus. Au premier cas soient les chordes C A, & A Q faisantes l'angle aigu C A Q ; soit aussi le poids A, sa ligne de direction A F, les perpendiculaires C F, C B, Q G, Q D, & le reste comme au premier cas de la troisiesme Proposition, & soient menees les lignes F B, & G D. Ie dis que les triangles C F B, & Q D G sont semblables, & qu'aux trois costez de celuy que l'on voudra des deux, sont homologues le poids A & les deux puissances C, Q, lesquelles soustiennent le mesme poids A sur les chordes C A & Q A. Car d'autant que les angles C F A, & C B A sont droits, la figure de quatre costez C F B A sera inscriptible en vn cercle; partant l'angle C B F sera esgal à l'angle C A F, & l'angle F C B esgal à l'angle F A B. Par mesme raison la figure Q D G A sera inscriptible en vn cercle, donc l'angle Q G D sera esgal à l'angle Q A D, & l'angle G Q D esgal à l'angle G A D. Par consequent puis que l'angle C B F du triangle C B F, & l'angle G Q D du triangle G Q D, sont esgaux à vn mesme, sçauoir à C A F ou G A D, il s'ensuit que les angles C B F, & G Q D sont esgaux entre eux. Par mesme moyen l'angle F C B du triangle F C B, sera esgal à l'angle Q G D du triangle Q G D, tous deux estant esgaux à l'angle F A B ou Q A D : ainsi les deux angles C B F & F C B du triangle C B F, estant esgaux aux deux angles G Q D & Q G D du triangle Q G D chacun au sien, ces deux triangles C B F, & Q G D seront semblables. Partant B C sera à C F comme Q G est à G D ; & B C sera à B F comme Q G est à Q D. Mais comme B C est à C F ainsi le poids A est à la puissance Q par la troisiesme Proposition, & par la mesme Proposition Q G est à Q D comme le poids A est à la puissance C; donc aussi Q G sera à G D comme le poids A est à la puissance Q ; & B C sera à B F comme le poids A est à la puissance C. Il est donc clair qu'au triangle C B F le poids A estant homologue à la ligne C B, la puissance Q sera homologue à la ligne C F, & la puissance C sera homologue à la ligne B F. Et que dans le triangle Q G D le poids A estant homologue à la ligne Q G, la puissance C sera homologue à la ligne Q D, & la puissance Q homologue à la ligne G D.

Au second cas soient les chordes C A & A O soustenantes le poids A, & faisantes l'angle droit C A O; le reste de la construction estant comme au second cas de la troisiesme Proposition. Il est clair que les triangles rectangles C A F,

& A O 7, ou A 3 F font femblables. Or il a defia efté demonftré que le poids A & les deux puiffances C, Q font homologues aux trois coftez du triangle C A F, fçauoir que comme C A eft à C F, ainfi le poids A eft à la puiffance O ou 3: & que comme A O eft à O 7, ou A 3 à 3 F, ou C A à A F ainfi le poids A eft à la puiffance C, par la troifiefme Propofition. Partant le poids A & les puiffances C, O qui le fouftiennent fur les chordes C A & A O, font homologues aux trois coftez du triangle C A F, ou A O 7, ou A 3 F, ou C 3 A, qui tous font femblables.

Au troifiefme cas foient les chordes C A & A R fouftenantes le poids A, & faifantes l'angle obtus C A R, le refte de la conftruction eftant comme au troifiefme cas de la troifiefme Propofition, & foient menees les lignes H P, & F I. Ie dis que les triangles R H P & C F I font femblables, & qu'aux trois coftez de celuy que l'on voudra des deux, font homologues le poids A & les puiffances C, R qui fouftiennent le mefme poids A fur les chordes C A & A R. Car que les triangles R H P & C I F foient femblables, il fe demonftrera facilement, pour ce que les figures de quatre coftez R H P A & C I A F font infcriptibles chacune en vn cercle, parquoy les angles H R P, H A P, C A F, & C I F font tous efgaux entre eux. Pareillement les angles R P H, R A H, C A I, & C F I font tous efgaux entre eux. Ainfi le cofté H R fera au cofté R P, comme le cofté C I eft au cofté I F : & le cofté H R fera au cofté H P, comme le cofté C I eft au cofté C F. Mais comme R H eft à R P, ainfi le poids A eft à la puiffance C : & comme C I eft à C F, ainfi le poids A eft à la puiffance R, le tout par la troifiefme Propofition, partant R H eft à H P comme le poids A eft à la puiffance R : & C I eft à I F comme le poids A eft à la puiffance C. Il eft donc clair qu'au triangle R H P le poids A eftant homologue au cofté R H, la puiffance C fera homologue au cofté R P, & la puiffance R homologue au cofté H P. De mefme au triangle C F I le cofté C I eftant homologue au poids A, C F fera homologue à la puiffance R & F I homologue à la puiffance C. Partant en tous cas le poids, & les deux puiffances font toufiours homologues aux trois coftez d'vn triangle, lequel triangle eft formé des deux perpendiculaires qui tombent d'vne mefme puiffance l'vne fur la ligne de direction du poids, l'autre fur la chorde de l'autre puiffance, & de la ligne menee de l'vne de ces perpendiculaires à l'autre. Que fi de quelque point pris en la ligne de direction du poids, on mene vne ligne paralléle à l'vne des chordes iufques à l'autre chorde, le triangle formé de cette parallele, de la ligne de direction, & de la chorde, fera femblable au triangle fufdit, & par confequent fes coftez feront homologues au poids & aux deux puiffances; ce qu'vn Geometre prouuera facilement, auec plufieurs autres proprietez que nous laiffons.

COROLLAIRE.

Il s'enfuit que non feulement les deux puiffances enfemble font plus grandes que le poids; mais auffi que le poids pris auec l'vne des puiffances fera plus grand que l'autre puiffance; d'autant que le poids & les deux puiffances font homologues aux trois coftez d'vn triangle, defquels deux pris comme on voudra, font plus grands que l'autre.

SCHOLIE III.

Les puiſſances demeurant en meſmes lieux, & le poids eſtant touſiours le meſme, & dans vne meſme ligne de direction ; quand l'angle compris par les chordes qui ſouſtiennent le poids, ſera plus grand, il faudra des puiſſances plus grandes pour ſouſtenir le meſme poids par les meſmes chordes.

Cecy ſe demonſtre facilement en ſuitte de la Propoſition precedente, & du premier Scholie, & ſes Corollaires. Car au cas auquel les chordes peuuent concourir toutes deux auec la ligne C F prolongee vers F, plus l'angle compris par les chordes ſera grand, plus le point du concours des perpendiculaires ſera eſloigné du point F, & partant les lignes menees des puiſſances à ce point du concours, ſeront plus longues. Comme ſi les puiſſances ſont C, & Q ; & l'angle compris par les chordes C A Q, le concours des perpendiculaires ſera V, & les lignes menees des puiſſances au concours ſeront C V, & Q V. Que ſi les puiſſances ſont encore C & Q, mais que l'angle ſoit C V Q plus grand que l'angle C A Q, le concours des perpendiculaires ſera au point A plus eſloigné du point F que n'eſt le point V ; & les lignes menees des puiſſances au concours ſeront C A & Q A plus longues que les lignes C V & Q V. Or la ligne C Q eſt touſiours homologue au poids ; & les lignes menees des puiſſances au concours des perpendiculaires, ſont reciproquement homologues aux meſmes puiſſances. Partant l'angle des chordes eſtant plus grand ; & par conſequent les lignes menees des puiſſances au concours eſtant plus grandes, les puiſſances ſeront auſſi plus grandes. Mais au cas où l'vne des chordes ne concourt pas auec la ligne C F prolongee, comme quand l'vne des chordes eſt C A, & l'autre A R, l'angle C A R eſt neceſſairement obtus ; partant plus cet angle ſera grand, plus l'angle C A I ſera aigu, & plus la perpendiculaire C I ſera courte ; & partant il y aura plus grande raiſon de C F (qui demeure touſiours la meſme) à C I. Mais C F eſt homologue à la puiſſance R, & C I eſt homologue au poids ; partant il y aura auſſi d'autant plus grande raiſon de la puiſſance R au poids ; & ainſi la puiſſance R ſera d'autant plus grande. De meſme plus l'angle obtus C A R ſera grand, plus l'angle R A H ſera aigu, & plus la perpendiculaire R H ſera courte ; & partant il y aura plus grande raiſon de R P (qui demeure touſiours la meſme) à R H. Mais R P eſt homologue à la puiſſance C, & R H eſt homologue au poids ; partant il y aura auſſi d'autant plus grande raiſon de la puiſſance C au poids ; & ainſi la puiſſance C ſera d'autant plus grande.

COROLLAIRE.

Puis qu'en quelque poſition que ſoient le poids & les puiſſances ; les puiſſances eſtant hors la ligne de direction du poids, doiuent eſtre d'autant plus grandes, que l'angle compris par les cordes eſt grand ; & que plus l'angle eſt grand, plus les chordes approchent de faire entre-elles vne ſeule ligne droicte, il eſt clair par la commune cognoiſſance, que les plus grandes puiſſances de toutes ſeront celles qu'il faut quãd les chordes font entre-elles vne ſeule ligne droicte, en quelque poſition que ſoient le poids & les puiſſances, pourueu que les meſmes puiſſances ſoient hors la ligne de direction du poids, l'vne d'vne part & l'autre de l'autre, de la meſme ligne de direction.

SCHOLIE IV.

PROBLEME.

De deux puiſſances qui ſouſtiennent vn poids donné, eſtant donnee l'vne ; la poſition, ou le lieu de chacune des deux ; & la ligne de direction du poids eſtant donnée par poſition entre les lieux des deux puiſſances ; trouuer l'autre puiſſance ; & le lieu où doit eſtre poſé le poids dans ſa ligne de direction, pour eſtre ſouſtenu par les deux puiſſances ſur deux chordes.

Soiét C & R les lieux des deux puiſſances, deſquelles la puiſſance C ſoit dõné ſi grande que l'on voudra ; ſoit auſſi donné vn poids tel qu'on voudra, duquel la ligne de direction ſoit F A donnée par poſition entre les lieux des deux puiſſances C, & R : il faut trouuer dans la ligne F A le lieu du poids donné, & l'autre puiſſance R, en ſorte que les deux puiſſances C & R ſouſtiennent le meſme poids pendu ſur deux chordes au lieu qui aura eſté trouué. Soit menée la ligne C R, & des deux poincts C, R ſur la ligne F A, ſoient menées des lignes perpendiculaires C F & R P : & ſoit fait que comme la puiſſance C eſt au poids donné, ainſi la perpendiculaire R P (ſçauoir celle de la puiſſance incogneuë ſur la ligne de direction) ſoit à quelque ligne parallele à C F, comme R 9. Soit auſſi la ligne R-9-8. eſgale aux deux perpendiculaires R P & C F priſes enſemble ; & poſons que R 9 ſoit moindre que R 8 ; alors du cẽtre R, & de l'interualle de la ligne R 9 on deſcrira le cercle H-9-5-6 ; & du poinct C on menera vne ligne qui touche le meſme cercle au poinct H au deſſous de la ligne C R ; auquel poinct H ſoit menée la ligne R H perpendiculaire ſur la ligne C H. Or la ligne C H prolongée, s'il en eſt beſoin, coupera F A ; (à cauſe que l'interualle du cercle R 9 eſt moindre que R 8) qu'elle la coupe donc au poinct A, & ſoient menées les chordes R A & C A, auſquelles ſoit pendu le poids donné, au poinct A ; & ſur la chorde R A prolongée, s'il en eſt beſoin, ſoit menée la perpendiculaire C I ; & ſoit fait que comme C I eſt à C F, ainſi le poids donné ſoit à la puiſſance R. Il eſt clair par la propoſition precedente que les puiſſances C, R ſouſtiendront le poids donné A ainſi cõmme il eſt ſur les chordes C A & R A. Si la ligne R 9 trouuée comme cy-deſſus, eſtoit eſgale aux deux enſemble R P & C F, c'eſt à dire à la ligne R 8, la ligne qui du poinct C toucheroit le cercle, ſeroit C 8 parallele à la ligne de direction F A ; & partant le Probleme ſeroit impoſſible. Car autrement qu'il ſoit poſſible, ſi faire ſe peut, & ſoit le poids en A, diſpoſé dans ſa ligne F A, & ſouſtenu par les puiſſances C, R ſur les chordes C A & A R : partant, comme il a eſté demonſtré en la propoſition precedente, la puiſſance C ſera au poids A comme R P eſt à R H ; mais par la conſtruction la puiſſance C eſt au meſme poids A comme R P eſt à vne ligne eſgale aux deux R P & C F priſes enſemble, c'eſt à dire à R 8, donc R H ſeroit eſgale à R 8, ce qui eſt abſurde, le poids A eſtant dans la ligne F A, ſelon la propoſition.

Si R 9 eſt plus grande que R 8, le Probleme ſera encore impoſſible : autrement l'abſurdité ſeroit que R H ſeroit plus grande que R 8.

COROLLAIRE I.

Il faut donc que la puiſſance C aye plus grande raiſon au poids donné, que la

ligne R P aux deux enſemble R P & C F, autrement le Probleme ſera impoſſible. Mais la puiſſance C eſtant eſgale au poids donné, ou plus grande, le Probleme ſera touſiours poſſible ; car alors R H ſera eſgale à R P, ou moindre ; &
partant touſiours moindre que R 8. ce qui eſt facile à demonſtrer.

COROLLAIRE II.

Il eſt clair auſſi que les chordes ne viendront iamais en vne meſme ligne droicte, quelles que puiſſent eſtre les puiſſances C & R. Car d'autāt que la ligne C A
H touche le cercle au deſſous de la ligne C R, il arriuera touſiours que le poinct
A qui eſt dans la ligne F A, (laquelle paſſe entre C & R, par ſuppoſition) ſera au
deſſous de la ligne C R, & partant les chordes feront l'angle C A R au deſſous
de la ligne C R : ce qui arriuera de meſme en toute autre poſition de la puiſſance R, O ou Q. &c.

ADVERTISSEMENT.

Si les puiſſances C, R deuoient ſouſtenir le poids auec des appuis, & non pas
auec des chordes, il faudroit mener la ligne touchante le cercle, de l'autre part
au deſſus de la ligne C R. Mais cette conſideration n'eſt pas vtile à noſtre deſſein ; & on en trouuera la ſolution dans nos Mechaniques, auec pluſieurs autres
choſes ſur ce ſubject.

SCHOLIE V.

PROBLEME.

Les deux puiſſances eſtant données, & leurs lieux, & le poids donné, & vne
ligne parallele à la ligne de direction du meſme poids : trouuer le lieu du poids,
& les chordes par leſquelles les deux puiſſances données le ſouſtiendront.
Mais il faut que des trois, ſçauoir du poids & des deux puiſſances, deux enſemble ſurpaſſent l'autre, par le Corollaire du 2. Scholie de la 3. propoſition.
Apres le ſecond Scholie cy-deſſus, cette Propoſition n'a aucune difficulté :
Car en la figure qui eſt la meſme qu'auparauant, ſi les puiſſances ſont C, Q données & poſées en leurs lieux ; & la ligne C 8 donnée parallele à la ligne A F qui
eſt la ligne de direction du poids donné A ; le triangle F C B ſera donné en eſpece, d'autant que ſes trois coſtez ſont homologues au poids & aux deux
puiſſances données, ſçauoir le coſté C B au poids A, C F à la puiſſance Q : & F
B à la puiſſance C : partant les trois angles ſeront donnez. Mais le coſté C F eſt
donné par poſition, eſtant perpendiculaire du poinct donné C ſur la ligne C 8
donnée, & parallele à la ligne de direction A F : donc puis que l'angle F C B eſt
donné, la ligne C B ſera donnée par poſition : Or la ligne Q B eſt perpendiculaire du poinct donné Q ſur la ligne C B, partant le poinct B ſera donné, & la ligne C B ſera donnnée de grandeur & de poſition : & la ligne C F auſſi donnée
de grandeur & de poſition : & la ligne F A qui coupera la ligne Q B au poinct
A : & les chordes C A & Q A ſeront données, &c. En ſuitte de cette Analyſe
ou reſolution, la compoſition du Probleme n'eſt que trop facile, ſans que nous
nous y arreſtions dauantage.
Si les puiſſances ſont C, R données & poſées en leurs lieux ; & la ligne C 8
comme auparauant, le triangle F C I ayāt les trois coſtez homologues, ſçauoir

C iiij

C I au poids A, F I à la puiſſance C, & C F à la puiſſance R, ſera donné en eſpece ; donc les trois angles ſeront donnez, & le coſté C F eſt donné par poſition,
eſtât perpendiculaire ſur C 8, donc C I ſera donné par poſition, puis que l'angle
F C I eſt donné ; & R I perpendiculaire du poinct donné R ſur le coſté C I ſera
donnee, & le poinct I donné, & la longueur de C I, & de C F, & F A qui coupe
la ligne R I au poinct A, &c. la compoſition n'a aucune difficulté.

Les autres cas ne changent ny la reſolution, ny la conſtruction, & la condi-
tion du Plobleme ſera cauſe que des trois lignes homologues au poids & aux
deux puiſſances, on pourra touſiours former vn triangle qui ſeruira à la compoſition.

ADVERTISSEMENT.

En ce Probleme il pourra arriuer qu'ayant trouuee la ligne de direction F A,
elle paſſera par le lieu de l'vne des puiſſances donnees. auquel cas cette puiſſance & le poids ſeront en meſme lieu, & la meſme puiſſance n'aura point beſoin de chorde : mais il faudra qu'elle agiſſe par vne ligne de direction perpendiculaire à l'vn des coſtez du triangle C F B, ou C F I : ſçauoir à celuy qui eſt
homologue au poids. Comme ſi le lieu d'vne puiſſance eſtant C, l'autre eſtoit
A, & qu'apres auoir formé le triangle C F B ou C F I, la ligne de direction F
A paſſaſt par le lieu de la puiſſance A : il faudroit poſer le poids en A auec la
puiſſance, laquelle en ce cas agiroit par la ligne de direction A B vers B, ou
par la ligne de direction I A R vers R, ſelon que le triangle ſeroit C F B ou C
F I. Quand à la puiſſance C, elle tireroit par la chorde C A. Il pourra auſſi arriuer que la ligne de direction trouuee ne paſſera pas entre les lieux des deux
puiſſances donnees, mais au delà : auquel cas le Probleme ſera impoſſible par
deux chordes, mais poſſible par vne chorde & vn appuy : comme nous de-
monſtrons en noſtre Mechanique. Enfin il pourra arriuer en la conſtruction
qu'ayant formé le triangle duquel les trois coſtez ſerôt homologues au poids
& aux deux puiſſances, le coſté C B, ou celuy qui part de la puiſſance
C, & eſt homologue au poids, eſtant prolongé paſſera par les deux puiſſances,
comme ſi l'autre puiſſance eſtoit B : auquel cas du poinct B ſur la ligne C B on
eſleuera la perpendiculaire B A laquelle dans la ligne de direction F A donnera le lieu du poids A, & la chorde de la puiſſance B, ſera B A. Que ſi ce coſté qui
part de la puiſſance C & eſt homologue au poids, paſſe au deſſus ou au deſſous
de la ligne menee aux deux puiſſances ; alors de l'autre puiſſance on menera ſur
le meſme coſté prolongé, s'il eſt beſoin, vne perpendiculaire, laquelle coupera
la ligne de direction F A, & donnera le lieu du poids.

COROLLAIRE.

Quand donc la ligne de direction trouuee paſſe entre les lieux des deux
puiſſances donnees, le triangle de la conſtruction eſtant C F B, ayant l'angle
F C B aigu, il eſt clair que la figure de quatre coſtez C F B A eſt inſcriptible
en vn cercle, partant les chordes C A, & A B Q feront angle aigu au poinct
A au deſſous des deux puiſſances. Que ſi le triangle de la conſtruction eſtoit
rectangle, comme C F A, ce qui arriueroit ſi le lieu d'vne puiſſance eſtant C,
l'autre lieu eſtoit quelque part dans la ligne A O 3, & le poids & les deux
puiſſances homologues aux trois coſtez d'vn triangle rectangle ; alors les

chordes C A, & A O feroient l'angle droict C A O au poinct A au deſſous des
deux puiſſances. Enfin ſi le triangle de la conſtruction eſt C F I ayant l'angle
F C I droict ou obtus, la figure de quatre coſtez C F A I ſera inſcriptible en
vn cercle, partant l'angle C A I eſgal à l'angle C F I, ſera aigu; & par conſequent l'angle C A R compris par les chordes C A & A R ſera obtus au deſſous de la ligne C R menee d'vne puiſſance à l'autre. Donc en tous cas les deux
chordes font touſiours vn angle, & iamais ne concurrent entre-elles directement, & l'angle qu'elles font, auquel eſt le poids, eſt touſiours au deſſous de la
ligne droicte menee d'vne puiſſance à l'autre.

La conſtruction de ce Probleme, ſes determinations, & tous ſes cas font de-
monſtrez plus au long en noſtre Mechanique.

SCHOLIE VI.

Au commencement de la troiſieſme Propoſition nous auons ſuppoſé que
l'angle C A F fut aigu : ce que nous auons fait, d'autant que des deux angles
que les cordes font auec la ligne de direction F A, l'vn doit touſiours eſtre aigu, autrement tous deux ſeroient obtus, ou l'vn droict & l'autre obtus, ou tous
deux droicts. Or tous deux ne peuuent pas eſtre obtus, les chordes eſtant parfaictement flexibles, comme nous les ſuppoſons. Car ſi l'vne des chordes eſtoit
A Y faiſant l'angle obtus F A Y, & l'autre chorde A T faiſant l'angle obtus F A
T, le poids eſtant A, & les puiſſances Y, T, lors par la commune cognoiſſance,
tát s'en faut que les puiſſances auec leurs chordes ſouſtinſſent le poids A, qu'au
contraire elles le tireroiët à bas, Il en ſera de meſme ſi l'vn des angles eſt droict,
& l'autre obtus. Partant toute la difficulté reuient là, à ſçauoir ſi tous les deux
angles que les chordes font auec la ligne de direction F A, peuuët eſtre droicts,
auquel cas les deux chordes ſeroient en ligne droicte l'vne auec l'autre, par la
14. Prop. du 1. d'Euclide, ce qui eſt impoſſible : Car, ſi faire ſe peut, ſoit l'vne
des chordes C F, l'autre Q F, le poids F, & les puiſſances C Q, les deux angles C F A, & Q F A eſtant droicts à la ligne de direction F A, & que les puiſſances C, Q ſouſtiennët le poids F ſur la chorde droicte C F Q. Alors, par le 4.
Scholie precedent eſtant donné le poids F, & ſa ligne de direction F A, auec les
lieux des puiſſances C, Q, on pourra dãs la ligne F A, trouuer le lieu où le poids
F eſtant poſé ſera ſouſtenu ſur deux chordes par deux puiſſances, deſquelles
l'vne ſera ſi grande que l'on voudra, meſmes plus grande que les deux C, Q
priſes enſemble, leſquelles on pretend ſouſtenir le poids A. Soit donc ce lieu
V, auquel le poids eſtant poſé ſoit ſouſtenu ſur les chordes C V, Q V par deux
puiſſances, deſquelles l'vne, comme 4, ſoit tant de fois qu'on voudra plus grande que les deux C, Q priſes enſemble. Or les chordes feront angle au deſſous
de la ligne C Q par le 2. Corollaire du 4. Scholie precedent, lequel angle ſoit
C V Q. Donc les puiſſances 4, Q qui ſouſtiennent vn poids par les chordes C
Q & Q V leſquelles font angle au poinct V, ſeroient beaucoup plus grandes
que les puiſſances C, Q qui ſouſtiennent le meſme poids ſur les chordes C F &
F Q poſée en ligne droicte, ce qui eſt abſurde, par le Coroll. du 3. Scholie de la
3. Prop. Et partant il eſt auſſi abſurde que les deux puiſſances C, Q telles qu'on
voudra, puiſſent ſouſtenir le poids F ſur la chorde droicte C F Q. Ainſi les angles que les chordes font auec la ligne de direction du poids, ne peuuent eſtre
tous deux droicts, ny tous deux obtus, ny l'vn droict & l'autre obtus, reſte

donc que l'vn soit aigu, comme il a esté posé au commencement de la 3. Prop.
Par la mesme raison on demonstrera qu'vn poids ne peut estre soustenu sur
vne chorde droicte parfaictement flexible, quelles que soient les puissances qui
tireront par les bouts de la chorde, & en quelque position que ce soit la mesme chorde, pourueu qu'elle ne soit pas vnie à la ligne de direction du poids,
comme si la chorde est C A T, les puissances C,T, & le poids A, les puissances
C, T quelles qu'elles soient, ne pourront soustenir le poids A sur la chorde
droicte C A T.

COROLLAIRE.

Si vne chorde est droicte, & parfaictement flexible, & que sur icelle on pose
vn poids ou vne puissance telle qu'on voudra, la chorde ne pourra demeurer
droicte, mais il faudra ou que les puissances qui retiennent la chorde par les
bouts cedent, quelles qu'elles soient, ou que la chorde s'alonge, ou qu'elle
rompe, si elle n'est infiniment forte. C'est ce que l'experience fait voir tous les
iours aux chordes, lesquelles mesmes ne sont pas parfaictement flexibles, comme celles des instrumens de Musique, lesquelles encore qu'elles soient bandees auec telle sorte qu'on voudra, toutefois vne puissance extrememement petite
les fait plier, & partant sonner. La mesme chose se voit encore aux Danceurs de
chordes, desquels la chorde plie aussi-tost qu'ils sont dessus, quoy qu'elle soit
bandee auec de grandes forces, & que de soy-mesme elle ne soit gueres flexible. Nous voyons aussi la mesme chose aux cheuaux qui font monter vn ba-
teau sur la riuiere, lesquels, quoy que souuent ils soient vn grand nombre &
forts, ne peuuent faire venir en ligne droicte la chorde par laquelle ils tirent. Et
pour empescher que les chordes qui sont bandees, & attachees à des arrests, ne
rompent à chaque coup, la nature a fait que toutes, ou la pluspart, sont capa-
bles de s'alonger ; & ainsi en cedant à la puissance qui les tire, elles se conser-
uent mieux. Et lors qu'elles sont en tel estat qu'elles ne peuuent plus s'alonger,
pour peu qu'on les tire, elles rompent.

SCHOLIE VII.

De ce que dessus on peut apprendre la fabrique d'vn instrument fort simple,
par le moyen duquel vne puissance soustiendra vn tres-grand fardeau. Car
soient C, Q deux poulies, par dessus lesquelles passe la chorde K C Q E, aux
deux bouts de laquelle soient pendus les fardeaux K, E, & soit la puissance F tirant la chorde C Q, par la ligne de direction F A perpendiculaire à la mesme
chorde C Q ; il est clair que si la chorde est flexible aux endroits des poulies C,
Q, & de telle nature qu'elle ne puisse s'alonger, que la puissance F la tirant vers
A, la fera plier, & partant la faisant passer par dessus les poulies, fera monter les
fardeaux K, E iusques à quelque interualle : mais souuent cet interualle est fort
petit, & la puissance au commencement descend beaucoup plus que les fardeaux ne montent : c'est pourquoy pour faire monter les fardeaux bien haut il
faudroit aller à plusieurs reprises. Pour cette raison cet instrument seruiroit
mieux où il ne seroit besoin que d'arracher quelque corps qui tiendroit à vn autre, puis que sa principale force gist au commencement, ce qui est requis en ar-
rachant. Et pour empescher que la chorde C Q ne s'alonge, ce qui principalement pourroit eluder la vigueur de l'instrumēt, on la pourra faire d'vne chaisne

de fer depuis C iufques en Q : ou bien C F & F Q feront deux barres de fer, ou
de bois, iointes au poinct F par vn anneau, pour faire le ply au poinct F : mais les
portions de la chorde, qui pafferont par deffus les poulies, feront meilleures
eftant d'vne matiere bien flexible, comme de bon chanvre, lequel apres auoir
feruy quelque temps, s'alonge peu ou point. Le refte des chordes vers les bouts
où font attachez les fardeaux, lequel refte ne doit point paffer par deffus les
poulies, fera meilleur d'eftre de fer ou de bois, afin qu'il ne puiffe s'alonger. On
pourra faire auffi que l'vn des bouts de la chorde foit attaché à vn arreft, comme C, puis la chorde ayant paffé par deffus la poulie Q, on luy attachera le fardeau E que l'on veut arracher & mouuoir de fon lieu, la puiffance eftant en F,
auec les conditions & precautions fufdites. Ie laiffe aux iudicieux beaucoup de
chofes qui fe peuuent inuenter fur ce fubject pour amplifier les vfages de cet
inftrument, & le rendre commode, tant pour feruir feul, qu'auec d'autres; entre
lefquelles chofes celle-cy ne fera pas de peu d'vtilité, que les poulies C, Q foiët
fuffifamment efloignees l'vne de l'autre, afin que la chorde C Q foit longue:
non que ie veuille dire de là, que la puiffance aura plus de force : mais il arriuera
qu'vne mefme puiffance enleuera le fardeau plus haut, à proportion que la
chorde fera plus longue depuis C iufques en Q. Ie diray encore qu'à la con-
iunction F y ayant deux anneaux, on pourra les ioindre par vn troifiefme anneau fait en coin ayant la pointe en haut, lequel coin foit fort long & aigu, &
qu'en fa partie inferieure foit attachee vne chorde par laquelle la puiffance tirera de F vers A, ce qui aidera beaucoup. Et quand C fera vn arreft, & Q vne
poulie, fi on prend vn leuier duquel l'arreft foit C, auquel leuier foit attaché
l'anneau fait en coin qui eft en F, & que le leuier foit plus long que C F le plus
qu'on pourra vers Q, puis que la puiffance pefe ou tire perpendiculairement
fur le bout du leuier qui eft vers Q, ce fera pour arracher vne force prefque in-
uincible ; & encore plus, fi la puiffance pour tirer par le bout du leuier, fe fert de
la roüe & de l'effieu, ou d'vne viz, comme en quelques preffoirs. Mais il faut,
auant que tirer, auoir fait bander la chorde C Q E tant qu'on pourra, afin qu'elle ne puiffe en s'alongeant, eluder la plus grande vigueur de l'inftrument, laquelle vigueur eft au commencement. Il faut auffi que les pilliers qui fouftiennent les poulies, & les arrefts, foient affis fur vn fondemët ferme, & qui ne puiffe s'enfoncer, afin que les poulies ou arrefts ne puiffent changer de lieu. Partant cet inftrument ne feruira de rien fur vn vaiffeau qui nagera fur l'eau. Au
refte il peut auffi bien feruir eftant plat qu'eftant effeué fur l'Horizon, & n'importe que la puiffance qui tire la chorde C F Q par la ligne de direction F A, tire vers A, ou au contraire vers le poinct 13. pour ce qu'il s'en enfuiura toufiours
vn mefme effect.

SCHOLIE VIII.

Nous auons remarqué fur le fubject d'vn poids pendu à deux chordes, vne
chofe qui nous a pleu beaucoup : laquelle eft telle, que quand le poids eft ainfi
fouftenu par deux puiffances, les raifons eftant comme il a efté demonftré en la
3. Prop. le poids ne peut monter ny defcendre que la proportion reciproque
des chemins auec le poids & les puiffances ne foit changee, & contre l'ordre
commun, comme fi le poids eft pofé en A fur les chordes C A & Q A foufte-
nuës par les puiffances C, Q, ou K, E, le poids eftant aux puiffances comme les
perpendiculaires C B & Q G font aux lignes C F & Q D, ainfi il a efté dit en la

3. Prop. ou comme C Q est aux lignes Q C & Q V, par le premier Scholie de la
mesme Prop. si au dessous du poids A, dans sa ligne de direction, on prend quelque ligne comme A P, il arriuera que si le poids A descend iusques en P, tirant
auec soy les chordes & faisant monter les puissances K, E, il y aura reciproquement plus grande raison du chemin que les puissances feront en montant, au
chemin que le poids fait en descendant, que du mesme poids aux deux puissances prises ensemble ; ainsi les puissances monteroient plus à proportion, que le
poids ne descendroit en les emportant, qui est contre l'ordre commun. Que si
au dessus du poids A, dans sa ligne de direction, on prend vne ligne, comme A
V, & que le poids monte iusques en V, les chordes montants aussi emportees
par les puissances K E qui descendent, il y aura reciproquement plus grande raison du chemin que le poids fera en montant, au chemin que les puissances feront en descendant, que des deux puissances prises ensemble, au poids : ainsi le
poids monteroit plus à proportion que les puissances ne descendroient en l'emportant, ce qui est encore contre l'ordre commun, dans lequel le poids ou la
puissance qui emporte l'autre, fait tousiours plus de chemin à proportion, que
le poids ou la puissance qui est emportee. Or que les raisons des chemins que
feroient le poids A & ses puissances en montant, & descendant, soient telles que
nous venons de dire, & contre l'ordre commun, on en trouuera la demonstration dans nos Mechaniques, car elle est trop longue pour estre mise icy. Partant
le poids A en subsistant & demeurant en son lieu, par les raisons de la 3. Prop.
demeure aussi dans l'ordre commun, ce que nous voulions remarquer.

SCHOLIE IX.

Quand vn poids est pendu librement à vne chorde, & que l'on veut le mouuoir à costé iusques à vn lieu assigné, auquel il peut aller demeurant tousiours
suspendu à sa chorde, on peut trouuer facilement la puissance requise, de laquelle mesmes le lieu sera assigné. Car soit le poids A lequel ayant esté librement pendu par vne chorde attachee au poinct C, doiue estre mené iusques en
A, la chorde estant C A. Si donc on demande la moindre puissance de toutes
celles qui peuuent mener le poids iusques au lieu assigné A, il est clair que ce sera celle qui tirera par la ligne A O 3 perpendiculaire à la chorde C A, laquelle
puissance sera O ou 3, comme il a esté demonstré au Scholie de la 2. Prop. car il
faut la mesme force que pour soustenir le poids sur le plan incliné L N 2, en la
place duquel est substituee la chorde C A par le Scholie du 3 axiome; ou, ce qui
est de mesme, il faut la mesme force que pour tenir la balance C A en equilibre,
tirant par la chorde A O 3, laquelle puissance est moindre que si on tire par vne
autre chorde, comme par la chorde A Q ou A R. Mais si le lieu de la puissance
est assigné, comme Q, O, ou R ; alors la puissance Q, O, ou R se trouuera par la
3. Prop. veu que ce sont deux chordes C A & Q A ou R A qui soustiennent le
poids A. Il se peut aussi demonstrer sans recourir plus loing, que la puissance
O, ou 3 est la moindre de toutes celles qui peuuent soustenir le poids A en l'estat
où il est. Car soit vne autre puissance Q, ou R, desquelles nous auons si souuent parlé, Donc le poids A est à la puissance O comme A C & C F, & le poids
A est à la puissance Q comme B C à C F, & le poids A à la puissance R comme
C I & à C F, par la 3. Prop. mais la raison de C A à C F est plus grande que de C
B à C F, ou que de C I à C F ; puisque A C est plus grande que C B ou que C I ;
partant la raison du poids A à la puissance O est plus grande que du mesme
poids A à la puissance Q, ou R ; & par consequent la puissance O est moindre
que la puissance Q, ou R.   FIN.